農ある世界と地方の眼力 6

令和漫筆集

小松泰信 著

大学教育出版

はじめに

「世の中にある数多《あまた》の憂《うれ》いを、決して『他人事《ひとごと》』としない姿勢に敬意を表します」と書かれているのは、謹呈した『農ある世界と地方の眼力5』に対する謝辞の一節。本書は、その第6弾です。第5弾までと同様、一般社団法人農協協会がインターネットで配信しているＪＡｃｏｍ＆農業協同組合新聞の、コラム「地方の眼力」に掲載するために2022年度に執筆した48編です。うち掲載されたものが45編、諸般の事情で不掲載（いわゆるボツ）となったものが3編です。

読者各位には、ご一読いただき、諸般の事情に思いをめぐらせていただければ幸いです。

本書の編集に際しては、掲載順に並べるスタイルを取り、不掲載3編も巻末に時系列で載せました。

内容は原文を尊重し、必要最小限の修正・調整にとどめました。また、個人の所属や肩書き、組織名なども初出時点のままとしています。ご了解ください

本書が取り上げた主なテーマをキーワードで示すと、軍拡競争、食料有事、過疎対策、貧困の拡大、戦争被爆国、生産費高騰、東京一極集中、安倍国葬、民意、ＪＡ女性組織、被災地、健全なる政治、インボイス、教育現場の疲弊、廃校活用、少子化対策、女性ゼロ議会、学校給食、怒るオランダの農家、文化庁の移転、自爆契約、などです。

第5弾でも書き記したことですが、多方面にわたるテーマを取り上げたように感じられるかもしれませんが、「地方」と「農ある世界」に少なからぬ関係性を持つ出来事について言及しており、根っこでは繋がっている問題です。だからこそ、根深い問題でもあります。

時の政権は、異口同音《いくどうおん》の美辞麗句《びじれいく》を並べて、「地方」や「農ある世界」の重要性に言及します。しかし、魂のこもった言葉ではないことは、事実が証明しています。

「地方の眼力」というコラムも、それをまとめたこの本も、一貫して、問題の所在を時系列的に示し、少しでもその解決の糸口を提示することを目指しています。

「地方」や「農ある世界」をめぐる情況が好転することに、少しでも貢献できることを願っています。

そのためにも、これまで以上の叱咤《しった》激励と、発表の場の提供をお願いする次第です。

辛口漫筆家と関連業界との板挟みで苦境に立つことも少なくないはずですが、我慢強く発表の場を提供していただいている一般社団法人農協協会には、心より御礼申し上げます。

また、厳しい出版事情の中、快く出版の機会をご提供いただいている株式会社大学教育出版にも、厚く御礼申し上げます。

皆様の支えにより、第7弾を目指しますので、引き続きのご支援をお願いします。

2023年8月

小松泰信

農ある世界と地方の眼力6

——令和漫筆集——

目次

農ある世界と地方の眼力6

――令和漫筆集――

戦争が犯罪

（2022・4・6）

いかがでしたか？前回（3月30日付）の当コラムで紹介した、HBCテレビ『ヤジと民主主義〜小さな自由が排除された先に〜』は。

ヤジ排除違法判決に道控訴

ご覧になった方々の多くは、安倍晋三《あべしんぞう》首相（当時）の街頭演説に対し、ヤジを飛ばした男女2人を排除した北海道警の対応に、違法性を認めた札幌地裁判決を真っ当なものと思われたはず。

ところが、北海道は1日、判決を不服として控訴した。

排除した警察官による職務執行の是非は、札幌高裁で改めて審理されることとなる。

東京新聞（4月2日付）によれば、原告の一人大杉雅栄《おおすぎまさえ》氏は、「鈴木直道《すずきなおみち》知事が表現の自由の価値を信じるのであれば、控訴を取り下げるべきだ」と抗議声明を発表。

道警監察官室は「控訴審で当方の考えを主張していく」とのコメントを出した。

地裁判決後、もう一人の原告桃井希生《ももいきお》さんは、「すごくうれしいです。おかしいことに、『おかしい』と声を上げる権利を裁判所が認めたからです。政府の悪政に抗議の声を上げようと思っているすべての人を守る判決です」と喜びを語った。また「裁判所では不安になることもありました。そんな時、排除された現場で心配そうに見ていた年配の女性が、裁判の傍聴に訪れ、励ましてくれました。（中略）そんな応援があり、2年間たたかうことができました」と、不

安だった胸の内も明かしている。（「しんぶん赤旗日曜版」4月3日号）

北海道が控訴を取り下げなければ、原告らの不安な日々は続くことになる。

原告2人が背負うしんどさは、大きくて重い。それに比べて、道や道警が背負うしんどさのなんと軽いことか。弁護士費用だって、税金を使うんじゃないの。違う？

道や道警は権力を持った組織である。その威信にかけて負けない闘争を仕掛けてくるだろう。例えて言えば、道や道警は現在のロシア。鈴木知事や扇沢昭宏《おおぎさわあきひろ》道警本部長はプーチン。支離滅裂でみっともない言動しかできなかった道警察官はロシア軍兵士。そして原告2人は、ウクライナの罪なき民。

道と道警はすぐに控訴を取り下げ詫びるべし。さもなくば、真っ当な司法の判断で、恥の上塗り。

銃口の先にいるのは私!?

東京新聞の同一紙面には、琉球新報から提供された「基地施設内から小銃を民間地方向に向ける武装米兵」の写真が掲載されている。銃口が、われわれ読者に向けられているようで、薄気味悪さを禁じ得ない。

「3月31日夕、記者が訓練の行われた倉庫の正面で取材中、倉庫から出てきた兵士一人が銃を構えた。記者と目が合うと、銃口を向けたままで数秒間、停止した」と、琉球新報は報じたとのこと。

その琉球新報（4月3日付）は社説で、この問題を俎上《そじょう》にあげている。

「基地の外にいる報道カメラマンに銃口を向けることは、憲法で保障されている報道の自由に対する挑戦だ。米軍は意図的に向けた可能性を否定したが、民間地に銃口を向け、民間人に恐怖を抱かせたこと自体大問題である。弾薬の有無は民間人には分からない。仮に意図がなかったとしても威嚇と受け止められたことを重視すべきだ。銃口を向けた行為に抗議する」と怒り心頭。

軍拡競争で、誰が喜び、誰が悲しむのか

ロシア軍の蛮行が朝な夕な報道され、「戦争犯罪」という言葉があふれている。しかし、軍隊である以上、やるかやられるかのところでは、蛮行を尽くすはず。日本軍しかり。米軍の広島、長崎への原爆投下は20世紀最大の蛮行、紛れもなき「戦争犯罪」。

平和を求めるならば、「戦争そのものが犯罪」という基点に立たねばならない。

しかし現実は、「力には力」「兵器には兵器」という、「血で血を洗う」悲劇のスパイラルに陥っている。岸信夫《きしのぶお》防衛相は4日、共同通信社の単独インタビューにおいて、2023年度の防衛費を巡り「防衛力の抜本的強化のため必要な予算を確保したい」と述べ、22年度予算からの大幅増に意欲を示した。また「敵基地攻撃能力」保有を視野に検討を進める意向を示唆し、ロシアのウクライナ侵攻に国際社会が結束して対処し、台湾海峡有事が起きないよう中国の行動を抑止することが重要だとも指摘している。

時事ドットコム（4月6日0時35分配信）は、米国と英国、オーストラリア3カ国の首脳が5日、安全保障枠組み「AUKUS（オーカス）」の新たな取り組みとして、極超音速兵器を共同開発すると表明したことを伝えている。中国やロシアが先行する同兵器の開発競争で巻き返しを図り、インド太平洋地域での抑止力向上を目指している。米英豪の首脳は、「これらの取り組みがサイバー能力や人工知能（AI）、量子技術、潜水能力に関する協力を深化させる」と、声明で強調している。

すでにこの3カ国は、オーカスの枠組みを通じ、豪州の原子力潜水艦建造で協力を進めている。これに対して中国が、「深刻な懸念」を表明しており、極超音速兵器の共同開発についても中国敵視策だとして反発を強める可能性を示唆している。

ここで問いたい。止めどない軍拡競争で、誰が喜び、誰が悲しむのか、と。

「共感疲労」はいかにして克服すべきか

正直言うが、ウクライナ情勢を見ながらの食事は本当に苦痛。だから、夕食時は撮りためたドラマなどを観ることが多い。

悲劇的な報道を見ているうちに、気の毒な人々に共感して落ち込み、直接には何もできない自分を責め、体調を崩す人の心の状態を「共感疲労」と呼ぶことを、永田《ながた》健《たけし》氏（西日本新聞・特別論説委員）の「時代ななめ読み」（西日本新聞、4月3日付）で知った。

氏は、防衛力増強、核共有、憲法9条改正、愛国心教育などを主張する人々が持論の発信を強め、「高揚感」を生み出していることを紹介し、「想定しなかった事態が起きた以上、日本の安全保障に関わる意識や体制もバージョンアップ（更新）が必要だと私も思う」と一定の理解を示しつつも、その高揚ぶりには違和感を覚えている。

「戦争のリアルとは、燃える街、逃げ惑う住民、泣く子どもなのだ。戦争被害者への共感で落ち込む人たちは、それを直感的に知っている。まずそこに心を寄せなければ、どんなに安全保障を語っても上滑りする。これから何ができるのか。何をすればいいのか。沈んでいる人たちと共に考えたい」とのむすびに、疲労なき共感を覚える。

「地方の眼力」なめんなよ

「10キロ2千円台で買えるものもあり、農家の労働が報われる価格とは思えないほど、安く手に入る」と生産者に気づかいつつ、「安定して供給でき、安心できる国産の米を、もっと主食に取り込めないものだろうか」として、「小麦粉のかわりに即米粉とはいかないまでも、学校給食のごはんメニューをさらに増やす、米の加工品をもっとアピールするなど工夫をしていけば、小麦不足にあたふたすることも減るのではないか」と、提言するのは塩崎三枝子氏（東京新聞4月12日付、読者の声「発言」）。

農業軽視国家に迫る食料有事（2022・4・13）

米粉への期待高まる

「小麦粉値上げで米粉にチャンス」と題して米粉を取り上げたのは、NHK「おはよう日本」（4月11日7時台）。

試行錯誤を重ね、小麦粉の15%を米粉に代えてフランスパンを作るのは埼玉県伊奈町《いなまち》のパン屋さん。

これまでは米粉を売り込む方だったが、最近では「得意先や一般消費者から『米粉ありますか』という、問い合わせが増えてきた」と語るのは、栃木県小山《おやま》市の米粉製造会社の社長。米粉を用いた麺や餃子の皮などの試作品を作り、新たな取引先の開拓にも挑戦している。同社の担当者によれば、小麦粉を米粉に1、2割置き換えることで、「非常にパリッと感が出た」とか「食感が良くなった」との感想が寄せられているとのこと。

ただし、米粉普及の前に立ちはだかるのはコストの壁である。

1キロ当たり原料価格は米粉約50円に対して、小麦粉約60円と、米粉の方が安い。これは、米粉用米の生産者に交付金が支払われているためである。しかし、手間と時間、それに製粉機の効率稼働が難しいことなどから製粉コストが小麦粉約50円に対して、米粉が約70円から約340円となり、製品価格に大きな差が生じることになる。

今後、小麦の価格が上昇することで小麦粉の価格が上昇し、他方で米粉需要の増大によって製粉コストが低下し、米粉の価格が低下するならば、両者の価格差は縮小する。

野口智弘《のぐちともひろ》氏（東京農大教授）は、「米粉ならではの良さが、消費者に伝われば広がる可能性は十分ある」とコメントしている。

急がれる「分配政策」の実行

「ロシアによるウクライナ侵攻で、原油や小麦の国際相場は高値水準が続いている。（中略）いずれも輸入依存の構造は変えられず、地政学リスクに振り回される日本の弱点が浮き彫りになっている」とするのは、西日本新聞（4月12日付）。

小麦に関して、「日本は約9割を輸入に頼る。パンや麺に加え、しょうゆなど調味料の材料にもなる。ロシアとウクライナ両国で世界の輸出量の約3割を占める。日本は両国から食用小麦を輸入していないが、ウクライナ危機で他産地の小麦価格が高騰。政府が製粉会社などに売り渡す輸入小麦価格の引き上げにもつながった」ことを伝えている。

熊野英生《くまのひでお》氏（第一生命経済研究所首席エコノミスト）は、「今後、収穫期の秋にかけて供給が滞ってくると、価格はさらに上昇するだろう」と予想し、小麦の使用される範囲が広いことから、「家計への影響は大きい」とする。さらに、「小麦と大豆やトウモロコシの国際市況は連動しており、今後はより一層幅広い食品の価格が上がる可能性が高い」と展望する。

加えて、岸田文雄《きしだふみお》首相が物価高騰に対応する緊急経済対策を講じる方針を示したことに関連し、「根本的な対策は賃金を増やすことだ。企業の収益が従業員に十分還元されているとは言い難い」とし、「首相が就任から重視する『分配政策』の実行が急がれる」とは、傾聴に値するコメントである。

必要な骨太の食料安全保障

「日本は高度成長期以降、麦や大豆などは安い海外産で賄う政策を進めた。現在も輸入前提の食品加工、流通システムが主流となる。一方でコメ余りは深刻化し、生乳は供給過剰で大量廃棄の恐れが出ている。矛盾だらけの構図だ」として、「国内生産強化とそれを支える流通・消費が必要だろう。骨太の食料安全保障体制を目指すべきだ」とするのは、北海道新聞（4月10日付）の社説。

3月の参院決算委員会で金子原二郎《かねこげんじろう》農水相が、「国産米粉を活用し輸入小麦の一部を置き換える」などの安定供給策に言及したことに対しても、「手ぬるさを感じる」と手厳しい。

飼料価格の高騰を取り上げ、「飼料まで国産で育てた自給率はわずか16％に過ぎない」とし、「農協、農家任せではなく国が戦略目標を示すのが筋だ」として、「輸入依存脱却へ政策の転換」を求めている。

さらに、国民の理解を求めるために、「国土保全や食料安保を重視した簡素な公的支援」を提言する。

読売新聞（4月7日付）の社説も、「国連食糧農業機関は、今後数か月にわたって穀物輸出が停滞し、最悪の場合には世界で約1300万人が栄養不良に陥ると試算している。飢餓が広がり、政情が不安定化する国が増えかねない」と危機感を募らせる。

「日本は、小麦の約9割を輸入している。すでにパンや麺類など、幅広い食品が値上がりしており、ウクライナ危機の影響で今後、拍車がかかる可能性がある」として、中長期的な国内の食料安全保障の強化について、論議を始めた政府・与党に対して、「国際連携への取り組みや穀物の国内生産の増強、コメの消費拡大策など、有効な具体策の検討を進める必要がある」と訴える。

弱体化する国内の農業生産基盤

政権与党や農水省が、目眩《めくら》ましの「輸出戦略」に現《うつつ》を抜かしている間、国内の農業生産基盤は弱体化の一途をたどっている。

日本農業新聞（4月8日付）には、同紙が行った集落営農組織や農業法人を対象とした景況感調査の結果が報じられている。調査は3月に郵送で行われ、全国144の組織・法人のうち75から回答。

注目した調査結果は、次の3点。

（1）決算へのコロナ禍の影響について、「大きな打撃を受けた」34・7％、「少し打撃を受けた」48・0％、「変わらない」16・0％、「業績が好転した」1・3％。「打撃を受けた」のは82・7％と8割に及んでいる。

（2）経営状況を5年前と比べて、「良くなった」16・0％、「変わらない」34・7％、「悪くなった」48・0％。5割が「悪くなった」としている。

（3）組織運営で現在困っている課題については（三選択可）、最も多いのが「メンバーの高齢化」57・3％。これに、「販売額の伸び悩み」54・7％、「労働力不足」50・7％が続いている。

大いなる期待を寄せられた組織・法人ですら、厳しい経営状況。これに、生産資材価格の高騰や人件費上昇が追い打ちをかけている。シグナルは赤点滅。この国の食料事情は、まさに「備えなければ憂いのみ」状態。

「地方の眼力」なめんなよ

過疎に拍「車」を走らすＪＲ

（２０２２・４・２０）

総務省が４月１日に公表した、２０２０年度国勢調査の結果に基づく「過疎地域」に、65の市町村が追加された。これによって「過疎地域」は、全国１７１８市町村のうち８８５となり、初めて半数を超えた。

過疎対策に近道はなし

「過疎集落が国土保全に果たす役割も改めて認識したい」とするのは、福島民報（４月16日付）の社説。福島県は今年度から９年間で新たな過疎・中山間地域振興戦略を推進するが、「過疎地域の再建が全国共通の課題である以上、重点させる事業は似通ってくる。人口を維持、増加させる取り組みと同時に、他に秀でた特色を生かし、磨いて地域を支える人材を呼び込む視点が一段と求められる」と提言する。

そして「過疎地域の自然は美しい国土を形成する。山林は水源を守り、地球温暖化を抑える上でも欠かせない。過疎地域の意義に照らせば、選挙向けに法律を書き換えるような次元ではない。恒久的な法律に格上げし、少人数でも存続できる長期的な策を見いだすべきではないか。過疎対策に近道はない」と訴える。

「地方回帰」の流れに注目

「地方の衰退を端的に示す事象であり、人口偏在問題への危機感を強めねばならない」とは、高知新聞（4月19日付）の社説。

1970年に議員立法として制定されて半世紀、「手が打たれてこなかったわけではない」とする。

市町村側は、過疎債で生活環境の整備などを進めてきた。しかし、「箱物に偏った、依存体質が強まった」などの指摘を紹介し、「自立への意識が問われる面はあるかもしれない」と課題を示唆する。

国側については、安倍政権が2014年に「地方創生」を掲げ、東京一極集中の是正と人口減対策を看板政策にし、多額の財源を投入したものの、「選挙向けの看板の掛け替えとも批判され、『異次元の政策』と銘打ったほどの効果は出なかった」とする。

過疎の底流に、「都会の仕事が魅力的で給与も高い」「都会の生活は便利で華やか」といった人々の価値観が流れていることを指摘し、新型コロナウイルス禍を契機として確実に広がっている、「地方回帰」の価値観を発信、浸透させる取り組みに力点を置くことを求めている。

「日本の半分超は過疎地—。改めて現実を思い知らされる」で始まる京都新聞（4月5日付）の社説も、「日常を一変させた新型コロナウイルス感染の拡大は、都市部の人口密集のリスクを再認識させた。地方へ向けられつつある人々の注目を、地域社会の持続性にどうつなげていくかが問われる」とする。

その一方で、東京23区の人口が2021年、流出を示す初の「転出超」となったが、転出先は近郊の首都圏内が多い。そのため、地方都市において、「移住者に定着してもらうのは容易でない」とし、「週末を過ごす『二地域居住』を含め、特色を生かして交流人口を増やす取り組みも重要だろう」とする。

後世に禍根《かこん》を残しかねない鉄路廃線

交通インフラの整備状況は、交流するにしても定住するにしても気になる所。

3月23日の当コラムで取り上げた、2030年度開業予定の北海道新幹線延伸部（新函館北斗～札幌間）と並行する、函館本線の長万部《おしゃまんべ》～小樽間（約140・2キロ、通称：山線）の廃止が決まった。並行在来線の廃止は全国2例目で長大区間では初めて。当該地域は、明治期以来の幹線を失うことになる。

北海道新聞（3月29日付）は、「在来線による国土軸整備を放棄した国は重い責任を感じるべきだ。広域交通網維持を担うはずの道も赤字線廃止の時と同じく自ら将来像を示すことをしなかった」とし、「決定は後世に禍根を残さないか。各首長も胸に刻んでほしい」と指弾する。

また、「新函館北斗開業でも政府・与党の事前試算では収支改善効果が年45億円程度あるとされた」が、「実際はコロナ流行前から赤字が続く」ことに言及し、「札幌延伸で新幹線利用が大幅に増える胸算用も楽観視できない」とする。

そして、「住民の足確保だけでなく、農林漁業などの産業振興を図る手だてを地域一体で時間をかけ模索する必要がある。過疎化に歯止めをかけるのは道《どう》の役割だ。今後のバス網構築にも消極的ならば、道に対する全道市町村からの不信は増すだろう」と警告する。

鉄道の維持は国策

「100円の収入を得るために2万5416円の費用がかかる」と、芸備線《げいびせん》の東城《とうじょう》（広島県）～備後落合《びんごおちあい》（同）間25・8キロの収入対費用から始まるのは、JR西日本が4月11日に公表したローカル路線の収支に関する記事（毎日新聞、4月12日付）。

ＪＲ西日本の飯田稔督《いいだとしまさ》地域共生部次長は「廃線を前提に議論する考えはない。ゼロベースで最適な交通体系を地域と話し合っていきたい」としつつも、「このままの形で１００％、ＪＲ西の負担でやっていくのは難しい」とも述べている。

本当にそうなのだろうか。

中国新聞（4月13日付）の社説は、「西日本豪雨では呉線が寸断し、都市機能が長期間不全になった」ことから、「赤字路線が主要幹線の不通時に迂回路となることもある。大量輸送が可能な鉄道貨物が、運転手不足のトラック業界に対し、巻き返すこともあり得る。全国に連なる鉄道網が再生の契機になる可能性は小さくない」と、「鉄道の底力」を捨て難きものとする。

そして「公共性より経済性を重視して国鉄を分割したのは政府である。経済の負の側面が強まったからといって、安易に路線廃止を認めることは無責任」「鉄道の維持は国策」として、「赤字ローカル線の将来はどうあるべきか。政府がまず明確な再生ビジョンを示すべきだ」と訴える。

ぽっぽやのプライド

筆者は、２０２１年10月から岡山市が運賃を半額負担する制度の恩恵に浴している。町中まで１４０円が70円になっただけで、無理をしてもバスを利用する自分に、正直驚いている。さらに昨年、11月と12月に2日だけではあるが、路線バス・路面電車の運賃無料ＤＡＹが実施された。車内はここ数年見たこともないくらいの密状態。経済への好影響も確認されている。

ＪＲのすべきことは、赤字路線の減便、運賃値上げで、過疎に拍「車」を走らせることではない。ぽっぽやのプライドにかけて、増便し運賃の値下げか無料化で、客車を走らせ地域に貢献すること。鉄道事業者、自治体、国の三者での検討を提案する。
「地方の眼力」なめんなよ

「なんちゃって国会」が導く先

（2022・4・27）

岸田文雄首相は4月26日、記者会見を開き、物価高騰を受け政府が同日閣議決定した「総合緊急対策」について説明した。報道によれば、要点は、ガソリン価格抑制や低所得世帯の子どもへの1人5万円給付など。2022年度予算の予備費を使い、補正予算でその穴埋めをする「異例の手法」とのこと。

予算は政府・与党の財布ではない

北海道新聞（4月27日付）の社説は、「参院選をにらんだばらまき色が拭えない。6兆円余の国費を投じる割に、場当たり的で効果の疑わしいものが目立つ」と手厳しい。

まず目玉とされる「燃油の価格抑制を目指す補助金制度」を俎上にあげる。食品を含む幅広い品目で物価高が加速し、かつ長期化も見込まれるなかで、「燃油に限定した価格抑制策がどれだけ家計の痛みを抑え、暮らしの安心につながるか疑問だ」とし、「大幅な賃上げの促進や税負担軽減などで国民の所得環境を改善する政策」を求めている。

また、「現在の仕組みは富裕層も恩恵に浴せる」ため、「生活に困った人や中小企業に重点を置いた制度設計」の必要性を訴える。

ただし今回の対策に、低所得の子育て世帯に児童1人当たり5万円を給付することが盛り込まれていることには、「物価高で困窮しているのは子育て世帯に限るまい。それに、なぜ5万円なのか。いずれも根拠が判然としない」と疑問を呈する。

さらに、財源の一部に当初予算の予備費が充てられることについても、「国会の議決なく政府が使途を決められる予備費がこのところ多用されているのはゆゆしき事態だ」とする。「予備費の目減り分を補正予算編成で穴埋めする手法を取る」ことを「禁じ手」と断じ、「国会の議決を経て予算を執行する財政民主主義を骨抜きにしかねない」と警鐘を鳴らす。

最後に「追加歳出は補正を組んで国会審議を経るのが大原則だ。政府・与党は、自らに都合の良い財布のように予算を扱ってはならない」と正論で締める。

減税に踏み込まないのはなぜ?

東京新聞（4月27日付）の社説は、「ガソリン価格の抑制」を最優先課題としたうえで、「価格は高止まりしており補助金の効果は限定的といえる。ガソリン税の一部課税停止で価格を抑えるトリガー条項の実施も盛り込むべきではないか」と提言する。

低所得者への給付については、「対策のたびに線引きをめぐる批判が噴出し不公平感が残る」とし、「子どものいない世帯や一人暮らしでも生活に困窮する世帯は多い。首相には、なぜ子育て世帯を優先するのか丁寧な説明を求めたい」とする。

そして、「減税は複雑な財政出動と比べ国民に分かりやすく消費刺激効果も確実に見込める」にもかかわらず、首相が一貫して減税に否定的であることに対して、減税に踏み込まない理由についての説明を強く求めている。

さらに、予備費利用についてふたつの問題点をあげている。

ひとつは、「国会審議を経ずに政府判断で使え、チェックが甘くなる」こと。

もうひとつが、コロナ禍対策で計上されていた予備費の使途変更。「今後、流用が横行しかねない」ことを危惧《きぐ》する。

セーフティーネットとして機能していない社会保障制度

河北新報（4月27日付）の社説は、「現金給付」の問題点に紙幅を割いている。

政府が「この3年間、経済対策を策定するたびに現金のばらまきを必須としてきた」ことは、「社会保障制度がセーフティーネットとして機能していないことを政府自らが認めているに等しい」と正鵠《せいこく》を射《い》る。

「臨時収入はありがたいだろうが、5万円がどれだけ家計を補い、助けになるだろうか疑問だ。財源を握る側の『上から目線』がちらつく。救いを求めている人たちと同じ目線で、窮状を直視する姿勢が欠けていまいか」と指摘し、「低所得者支援は急場しのぎでかわせる課題ではない。制度を抜本的に見直すべきだ」ととどめを刺す。

そして「現金のばらまきは有権者を引き付けるもってこいの策と映るのだろう。2度目の給付は昨年秋の衆院選で、与野党がこぞって公約の目玉に掲げたのもそのためだ」とし、「2カ月後に参院選が控える。ご都合主義に流された旧態依然の悪手に、政治はいつまで頼るつもりだろうか」と慨嘆《がいたん》する。

中国新聞（4月22日付）の社説も、政府が3月、年金生活者への5000円給付を野党からの「ばらまき」批判を受け白紙にしたばかりであることに言及し、この5万円給付に対して「集票目当てとも映る策を懲りずに繰り返すつもりか」と唾棄《だき》する。そして、「一時的な給付では効果が限定される。そうではなく、抜本的なセーフティーネット拡充の制度として検討すればいい。安易な現金給付は考え直すべきだ」と訴える。

「今回の物価高は、世界経済が回復基調に乗る中で生じた需給の逼迫《ひっぱく》が要因で、ロシアのウクライナ侵攻が追い打ちを掛けた。そこに急速な円安が加わり、輸入コストを押し上げる」と分析し、政府と日銀に早急な円安対策を求めている。

さらに「非正規労働者や母子家庭は新型コロナウイルス禍で既に深刻な影響を受けており、低所得世帯ほど厳しさが増している」ことから、「小手先ではない、実効性のある支援が必要だ。本来は社会保障制度の中で行われるべきだろう。十分機能しないのなら制度を見直すのが本筋である」とする。

「なんちゃって補正」が教えていること

毎日新聞（4月22日付）には、今回の緊急経済対策の財源を巡る情けない経緯が紹介されている。

自民党が予備費活用にこだわったのは、「補正予算案を編成すれば衆参予算委員会での審議が必要で、参院選前に政権が野党の攻勢にさらされる危険があったため」。自民党の高市早苗《たかいちさなえ》政調会長は公明党の竹内譲《たけうちゆずる》政調会長に、「『過去に選挙前に補正予算を組んで勝てたことはない』と、『予算委リスク』を持ち出して説得を試みた」そうだ。

公明側が補正編成にこだわったのは、支持母体の創価学会が「生活者目線」を重視しており、「速やかに本格的な対策を講じないと参院選の結果に直結する」からとのこと。

ある自民党議員は、今回の補正が公明のメンツを保つための「なんちゃって補正だ」と話したそうだ。恥ずべき自嘲《じちょう》発言。

こんな低レベルの駆け引きで緊急経済対策が講じられ、税金が使われ、国の借金「長期債務残高」が1千兆円を超えていく。

この国は、「なんちゃって政治家」による「なんちゃって国会」に導かれて地獄に向かっている。そろそろ、気づこうよ。

「地方の眼力」なめんなよ

（2022・5・11）

カジノで地域は振興しない

「収益見積もり過大」ポーカーフェースで提出します――カジノ事業者（福岡・よしひろ、西日本新聞4月26日付）

問題山積ＩＲ

西日本新聞（4月28日付）は、1面で、国が整備を目指すカジノを含む統合型リゾート施設（ＩＲ）について、国土交通省が27日、長崎県と大阪府・市の区域整備計画を受理したことを伝えている。

翌28日が締め切り日だったが、他に申請はなかった。国交省の有識者委員会による非公開の審査を経て、認定の可否が決まる。

長崎県は、佐世保市のハウステンボス（ＨＴＢ）隣接地に施設を整備し、２０２７年秋ごろの開業を目指す。大阪府・市は、市湾岸部の人工島・夢洲《ゆめしま》に整備し、29年秋から冬ごろの開業予定。

同紙2面には、ＩＲに詳しい鳥畑《とりはた》与一《よいち》氏（静岡大教授）のインタビュー記事がある。

注目した4点の概要は次の通り。

（1）長崎県が年間売上高を約2716億円、大阪府・市が約5200億円と想定していることについて。

収益性の高いオンラインカジノが世界的に急速に広まったため、従来の施設型のカジノは需要が小さくなっている。中国政府はギャンブル依存症対策で規制を強化しており、当てにしていた中国人富裕層の利用は期待できない。カジノビジネスがもうかるという大前提が崩れつつある。長崎、大阪のいずれの整備計画も、カジノの収益を過大に見積もっている。

（2）IRを整備した地域の未来について。

地域社会は、リスクを抱え込むことになる。利用者の負け分が収益を左右するため、誘客に力を入れるだけでなく、射幸性《しゃこう》（偶然の利益や成功ねらい）を高める可能性も出てくる。ギャンブル依存に拍車をかける懸念がある。

（3）ギャンブル依存症対策について。

本人や家族の申告による利用制限は、海外に比べると甘い。日本は肝心な射幸性の規制もない。

（4）整備計画を審査する国に求められることについて。

厳正に審査し、国民に説明責任を果たす。IRが本当に国の成長戦略につながるのか検証も必要。

内実が問われる「観光立国」

「ギャンブル依存症対策、資金計画など課題が山積するなか、大阪、長崎がIRの整備に突き進むことに不安を禁じ得ない。計画を審査する国側の責任も問われる」とするのは、愛媛新聞（5月4日付）の社説。

わが国においてギャンブル依存症患者の割合が他の先進国より高く、治療や相談支援の対策も遅れていることを踏まえ、「カジノ解禁は治安悪化、反社会勢力による関与、子どもへの悪影響といった課題もつきまとう」とする。

経済効果に多大な期待を寄せてのIR推進であるが、「新型コロナウイルスの影響で海外ではオンラインカジノが伸長。中国・マカオの実店舗の集客は低調が続く。わざわざ中国から日本のカジノに来るのは、『もはや空想だ』と指摘する専門家もいる」として、皮算用の甘さを指摘する。

そして、「観光立国を掲げる以上、問われるのは内実である。コロナ前は日本にしかない自然、歴史文化を目当てにした訪日客であふれた。守り育て、磨くべき観光資源が多いなかで、カジノに頼ることがふさわしいのか」と、国や立候補地に問いかける。

足元が揺らぐ長崎県と大阪府・市

「この機に改めて主張する。政府は現実を直視し、誤った施策を根本から見直すべきだ」で始まるのは、朝日新聞（4月29日付）の社説。

4月20日に、和歌山県議会は仁坂吉伸《にさかよしのぶ》知事の申請案を否決した。資金調達や経済効果への疑問を口にする議員が相次ぎ、自民党からも反対者が出たことから、「IRを成長戦略の柱と位置づけ、反対論を数の力で抑え込んで遮二無二《しゃにむに》走ってきた政府・与党は、この間の動きを冷静に検証する必要がある」とする。

さらに、申請にこぎつけた長崎県と大阪府・市における足元の揺らぎを紹介する。

長崎県は、初期投資の6割が借金、4割が企業出資とされているが、その企業名などの詳細は不明。議会で質問されても、県は企業側の意向を理由に公表を拒んだ。「県議会が十分な情報を得たうえで結論を導き出したとはとても言えず、県民の間には不信や不安が渦巻く」とする。

大阪府・市では、当初市民負担は生じないとして進めてきたが、建設予定地に地盤改良が必要となり790億円の負担が発生する。まさに、「前提が崩れた」わけである。

両候補地には説明責任を求めるとともに、今後の審査には、「巨額の建設費が住民負担となってはね返る恐れはないか、仮に事業者が撤退した場合、誰がどう責任をとるのかなど」について、納税者視点からの慎重な吟味を求めている。

地域振興はギャンブルではない

読売新聞（5月4日付）の社説も「構想を掲げた当時とは状況が大きく異なっている。本当に実現すべきなのか、政府や自治体は今一度、考え直すべきだ」とする。

そして、「そもそも、来場者がカジノで失った賭け金を地域振興に使う成長戦略は適切なのか。国や自治体はギャンブル依存症の対策を進めるとしながら、カジノの収益に期待する姿勢は矛盾している」と迫る。

朝日新聞（4月21日付）によれば、ＩＲ誘致が県議会で否決された仁坂和歌山県知事は、直後の記者会見で「痛恨の極み。県経済を活性する最大の起爆剤が失われた。痛手だが、いかんともしがたい」と述べた。

「市民が納得できないことに納得するのは難しい。資金の明確な出どころも分からない。知事の見通しが総合的に甘かった」とコメントしたのは、反対票を投じた自民県議。

毎日新聞（4月21日付）は、あるベテラン県議が「ＩＲなんかに期待せざるを得ないほど衰退している地方の現実こそが問題だ」と吐き捨てるように言い、議場を後にしたことを伝えている。

「ＩＲ計画　長阪の賭けだ――長崎県・大阪府」（目黒区　ボケもん、東京新聞4月29日付）にも笑ったな。

地域振興はギャンブルではない。地域を愛し、幸せに暮らしている人びとの明るい未来を創り出すこと。地域磨きに精励すべし。

「地方の眼力」なめんなよ

「貧困の拡大」と「聞く力」（2022・5・18）

「驚かされたのは今月、テレビドラマやCMで活躍した俳優と、人気お笑いトリオのメンバーが相次いで亡くなったことだ。新型コロナの影響などから『心の病』になり治療を受けていたとの家族のコメントや、警察が自殺とみて調べていることが伝えられた」（山陽新聞5月18日付社説）。

広がる隠れ貧困

NHK「おはよう日本」（5月16日、6時台）は、広島市での取材から、コロナ禍において、これまで貧困と無縁だった人が、家も仕事も失ってしまうことが特別ではなくなっていることを伝えた。

民間団体による、生活支援物資無料配付会場に来ていた人へのインタビュー概要。

「働いていた店がなくなり大変です。買い物行くにも…」とは、飲食店元従業員（60代）。

「コロナで仕事が少なくなって、お米も1回分でもあったらすごく助かる」とは、ブライダル関連従事者（50代）。

生活に困った人を保護するシェルターに身を寄せている建設会社元従業員（60代）は、「お金がなくなったので駅の地下で野宿をしていた。やっぱり惨《みじ》めですよね」と、心情を吐露《とろ》する。

そのシェルターは広島市から委託を受けた団体（広島県社会福祉会）が運営。シェルターの利用は原則3カ月以内。住む場所と食事を提供し、生活再建を支援しているが、利用者は後を絶たないとのこと。

同福祉会の岡崎仁史《おかざきひとし》相談役は、「（日本は）中間層が非常に幅が広かったが、特に中間層の下の方の部分が仕事をなくして、生活困窮の方が非常に増えています」と語る。

長年ホームレスなどを支援してきた牧師の播磨《はりま》聡《さとし》氏は、「コロナ以降、見た目は誰とも変わらないような人が来られます。隠れたかたちで困窮されている状況の人が増えていると思う」と、隠れ貧困の広がりを示唆する。

貧困が見えにくくなっているからこそ、〝助けを求めやすい環境が欠かせない〟と、昨年12月から多くの人に支援が届くように教会で食品などを配り始めた。

「誰でも生活に困窮していく可能性が出てきた。そういう時代だと思う。困っているとご自身が思ったら支援の対象です。（中略）地域の人からもたくさん寄付をいただきながらこれからも活動していきたいと思います」と、播磨氏は語る。

暮らしの安心を保障することは政治の責任

期せずして、同日の毎日新聞の社説も、「食料品、ガソリン代がどんどん値上げされ、食べていけるか心配だ」という切実な声を紹介し、「ロシアのウクライナ侵攻によって加速した物価高が、苦境に追い打ちをかけている」と訴える。

「感染拡大の当初から目の前の困った人に手を差し伸べてきたのが各地域の民間団体」としたうえで、「コロナ禍が長引いて支援を必要とする人が増えているにもかかわらず、景気悪化で企業や個人の寄付が減少している」ことから、「特に小規模NPOの経営が厳しい」ことを紹介する。

そして、「自民党政権は、公助よりも自助や共助を強調してきた。だが、社会的に不利な立場に置かれている個人にとって、できることには限界がある。暮らしの安心を保障することは政治の責任だ。政府や自治体は民間団体と協働し、誰一人取り残さない仕組みを早急に作らなければならない」と、政治の責任を強調する。

長生きしてはダメですか

今年10月から、一定の所得がある75歳以上の人は、医療費負担が1割から2割へとなる。高齢者の生活向上を掲げる「日本高齢期運動連絡会」は、岸田首相へ直接高齢者の声を届けるために、『岸田さんこの声聞いてよ』アンケートを実施した。調査は昨年12月から取り組まれ、全国18県から1665人分を回収した。5月16日に公表された調査結果のまとめは、宮城県社会保障推進協議会BLOGに掲載されている。自由記述欄に切迫した生活実態が記されている。象徴的な記述の概要は次の通り。

(1) 美容院を経営しているので売り上げの減少＝高齢者の方の来店回数減少によりいろいろと出費を控えるようになりました。

(2) 岸田さん、高齢者の多くが国民年金の収入だけで生活しています。想像力を働かして1か月6万5000円で生活するための予算を、住居・食費・医療・光熱・教養（TV、新聞、通信）だけの項目で作ってみてください。

(3) 一番切りつめたのはやっぱり食費です。食事の楽しみ全然ありません。作る楽しみもありません。

(4)「退職して悠々自適《ゆうゆうじてき》に暮らす」という言葉は一般庶民には死語になってしまった。この先健康に暮らしていけるよう、年金を引き下げることをやめてほしいし、安心して病院に行けるよう75才以上の医療費2倍化はやめてほしい。

(5) 歯科・眼科を含め5か所の医者通いで通院のみですが昨年は1年間で7万円の支払でした。「白内障が少し出てきているネ、まだ大丈夫だけどいずれ手術が必要になるでしょう」といわれております。医者にかかるのは本当に控えるようになります。

(6) 身内（姉77才・兄79才）が自殺した。安心・安全の老後がおくれなかった。

大企業栄えて貧困拡大す

ところが、西日本新聞（5月18日付）の社説は、「大企業の好決算が続いている」ことから、「業種や地域に差はあるものの、多くの企業がコロナ禍を乗り越えつつあると言っていいだろう」としたうえで、「問題は、好調な業績を日本経済の再生や地域経済の成長にどう結びつけるかである。配当を増やし、内部留保を積み上げても経済は回らない」と指摘する。

「大企業の経常利益は2000年度から20年度にかけてほぼ倍増し、配当は6倍近くに増えた。にもかかわらず、成長に必要な設備投資や人件費は横ばいで、中小企業の人件費は逆に約16％減った」ことを紹介する。

「日本は可処分所得が増えず消費は伸び悩んだままだ」と嘆き、家計が食品などの値上げに直面している状況下で、「物価上昇に賃上げが追いつかなければ、実質賃金が目減りし、消費にもマイナスだ」とし、日本経済の地盤沈下を食い止めるために、「利益の株主還元偏重」から「従業員や取引先など幅広い関係者に目配りした経営」を、企業に求めている。

残念ながら、この求めに応じる企業経営者はきわめて少数。大多数の企業は内部留保と配当を増やし続ける。なぜなら、世界経済にも日本経済にも、多くの不安材料があることを十分承知しているから。

企業、特に大企業は優遇され、国民は冷遇される。国民が冷遇されていることに気づき、立ち上がらない限り、貧困は拡大する。

「地方の眼力」なめんなよ

パンダの目を棒でつくな（2022・5・25）

「米国は熊（ロシア＝プーチン）の目を棒でついたのです。怒った熊はどうしたか。当然、反撃に出ました」と刺激的なたとえ話で、「ウクライナ危機の主な原因は西側諸国、とりわけ米国にある」と語るのは、J・ミアシャイマー氏（シカゴ大学終身教授・国際政治学者）。インタビュー記事「この戦争の最大の勝者は中国だ」（『文藝春秋』6月特別号）より。

リベラル覇権主義の大罪

ミアシャイマー氏は、「西側の対東欧政策の柱は、NATO（北大西洋条約機構）の東方（旧ソ連諸国）への拡大です。これこそが現在の危機の根本的な要因」と断言する。

その根本にあるのが、9・11テロの後、中東全域を「民主制の海にしよう」とした戦略思想、いわゆる「リベラル覇権主義」。氏によれば、米国のリベラル覇権主義は、ウクライナ危機でもまったく変わっておらず、「『西側が善人でプーチンは悪人だ』という言説は、米国自身が非難されないための作り話」とのこと。

そして、「国家、とりわけ大国というものは、互いに『恐怖』を感じています。（中略）自分たちの生存が脅かされるほどの恐怖を感じた時、国家は大きなリスクを背負って大胆な行動に出るのです」「私が強調したいのは、ロシアのような大量の核兵器を保有する大国を追い詰めるのは、きわめて愚かな行為であるということです」として、この国を含む西側諸国に冷静な対応を求めている。

さらにこの戦争が長引く中で、中国が最大の勝者となると予想し、真の脅威と位置付ける。

この脅威に対して、「日本も米国も、単独では中国の封じ込めはできません。中国を封じ込めるために、日米の連携強化はさらに必要でしょう。また、米国は日本以外にも、（中略）多国間連携も強化・拡大していくべきです」と提言する。

「中国封じ込め」という表現には疑問を感じるが、いかに中国の国力が増し、米国の地位を脅かしているかがうかがえる。

唯一の戦争被爆国としての責務を忘れるな

5月22日バイデン米大統領が来日し、23日に岸田文雄首相と会談、そして共同記者会見に臨んだ。

北海道新聞（5月24日付）の社説は、両首脳が、米国が核と通常戦力で日本防衛に関与する「拡大抑止」の強化で一致し、首相は防衛費の増額と敵基地攻撃能力の保有に言及したことを取り上げ、「日本の安全保障戦略は、武力による威嚇を放棄し、専守防衛を基本とする憲法が大前提となる。対米追従をいっそう鮮明にする姿勢には危惧を覚える」とする。

米国が、中国との対立を先鋭化させていることに言及し、「日米はアジアの平和と安定に向けた共通のルールに、中国を取り込む外交努力を尽くすべきだ」と提言する。

核抑止についても、「際限のない軍拡を招きかねない」「核の脅しや使用を自制しようとしない相手に、抑止論が成り立つかは疑問がある」とし、「唯一の戦争被爆国として、核廃絶を求める責務があることを忘れてはならない」と、首相に注文を付ける。

さらに、バイデン氏が会見で、台湾有事に際しては「軍事的に関与する」と踏み込んだことにふれ、冷静な対応を求めている。

また、北朝鮮の核・ミサイル開発に対しては、日米韓の連携だけではなく「中国とも協力し、北朝鮮に粘り強く自制を求めていくことが欠かせない」としている。

高知新聞（5月24日付）の社説も、バイデン氏の台湾有事発言に中国が強く反発していることを取り上げ、無用な刺激は慎むべしという姿勢を示している。

今後、日本の防衛能力向上へ向けた要求がこれまで以上に強まることには、軍拡競争と財政圧迫の懸念を示している。そして「何より、憲法の専守防衛の理念と整合性が保たれるのかは重要な論点だ。なし崩しは認められない。国内の議論が進まない状況で前のめりの対応に陥るようでは危うい」とクギを刺す。

さらに、米中対立の激化が、半導体生産などを含めた日本の経済安全保障分野にも影響していることから、「摩擦を緩和する知恵」を求めている。

世界を分断しかねない米国の方策

「日本は長年戦争をしなかったことで他国の信頼を得てきた」とする西日本新聞（5月24日付）の社説は、「周辺国の緊張を過度に高めないよう防衛力や抑止力をどこまで強化するかを慎重に見極める必要がある」とする。

また、韓国の尹錫悦《ユンソンニョル》政権が、日本との関係改善に意欲的であることから、「東アジアの安全保障環境を改善する近隣外交」の加速に期待を寄せている。

ただし、バイデン氏が中国への警戒心をあらわにしたことを取り上げ、「対立が激化する米中のはざまで、日本の針路が米国追随と短絡的に受け取られるのは好ましくない」と、毅然《きぜん》とした姿勢を求めている。

信濃毎日新聞（5月24日付）の社説は、バイデン氏の今回の韓国、日本訪問には、「米国が『唯一の競争相手』とする中国をにらみ、アジア最重視の方針を改めて示す狙いがあった」としたうえで、「米国が求める軍事、経済両面からの日本との関係性を、岸田首相の言質《げんち》を取って固めた感が否めない。アジアに限らず、新興国と途上国が警戒するのは緊張と不利益を招く米中対立の激化だ。不信の増大を抑えようともせず、世界を分断しかねない米国の方策を偏重する限り、日本が国際秩序の主導役として認知されるはずもない」と、この国の立ち位置を示している。

一に外交、二に外交、三、四がなくて五に外交

米軍の対中作戦が、南西諸島から台湾、フィリピンにかけたいわゆる「第1列島線」内側への封じ込めを基本としているため、在沖米軍基地の戦略的重要性が高まっている。米国が第1列島線に核弾頭を搭載可能な中距離弾道ミサイル配備も計画していることから、「沖縄が有事の際に標的になる恐れがある」ことを伝えているのは、琉球新報（5月24日付）の社説。喫緊《きっきん》の課題として、戦争に至らせないための「対話の持続」を強調し、「最悪の事態を回避する外交力」を求めている。

『サンデー毎日』（6月5日~12日号）で、田中均《たなかひとし》氏（元外務審議官）は、「外交の役割がもっと大きなものにならなければならない。ウクライナも外交が失敗した例だ。戦争を止められなかった。まさに外交のあり方に国民が着目すべき時が来たと思う」と訴える。しかし「安倍政権以来のことだが、同盟国、友好国との間では一緒になって勇ましいことを言う。問題国と集中的に話し合いをするのが外交なのにそれが全くない」と嘆き、「アジアに対立を持ち込むのではなく、それを緩和するのが外交だ。米国のように二項対立ということで相手にギリギリ圧力をかけることが正しいと僕は思わない」と、明快な見解。異議なし。

「地方の眼力」なめんなよ

吉川元農水相に有罪判決

（2022・6・1）


鶏卵汚職事件で収賄罪に問われた元農水相、吉川貴盛《よしかわたかもり》被告を有罪とした東京地裁判決。

〈主文〉被告は懲役2年6月、執行猶予4年、追徴金500万円。

最低の元農水相

毎日新聞（5月27日付）が報じる判決要旨のポイントは次の通り。

〈事実認定の補足〉では、「被告は職務に関する期待や意図を含めて現金が渡された可能性を認識していた。領収書を作成せず、政治資金収支報告書にも記載せずに費消していることも、政治献金以外の趣旨を含み、秘密裏に扱うべき性質の金銭と理解していたことを裏付けている」とする。

〈結論〉では、「今回の現金授受は、いずれも賄賂の趣旨が認められ、その故意が認められると判断した」とする。

〈量刑理由〉では、「賄賂の趣旨は鶏卵行政のみならず、農林水産行政全体を見渡した政策判断が求められる重要事項だ。農相としての職務や農林水産行政全体の公正さに悪影響を及ぼす行為で非常に悪質だ。実際に養鶏業者や国会議員らによる検討会の開催を職員に指示するなどの便宜を図っており、国政における職務の公正さに対する国民の信頼を大きく害した。社会的悪影響も大きい。安易に収賄行為に及び、受け取った現金を全て費消しており、利欲的犯行と言える。農相として高度の倫理性、廉潔性が求められていたのに自覚が欠けていた。政治献金と思ったなどという不合理で、一般的な常識からはかけ離れた弁解に終始し、政治家としての規範意識の低さに対する反省には至っていない」とする。

政治を担う資格なし

「有罪は当然」「執行猶予付きでは軽過ぎるという指摘もある」とするのは、中国新聞（5月27日付）の社説。

吉川元農水相が、「何かを期待されているとは思わず、現金をお礼だとも思わなかった」と弁明したことを、「なぜ理由もなく、自分に現金が渡されるのか。そんなことに疑問を感じない人間に政治を担う資格はない」と指弾し、「農業政策は国の根幹に関わる食料安全保障を踏まえ、補助金で業界を支える役割が大きい。その際には政治と行政には高い倫理性、透明性が求められていることは言うまでもない」とする。

政権における「倫理観の欠如」

西日本新聞（5月28日付）の社説は、判決が５００万円の趣旨について、「ストレスの少ない環境で鶏を飼育するための国際基準案に反対するなどの便宜を図った見返りと認定した」ことから、「吉川被告は実際に農政をゆがめていた」とする。

さらに、「今回の判決で、安倍晋三政権の閣僚経験者のうち3人が刑事裁判で有罪となった」ことを、「まさに異常事態だ」とし、「大規模な選挙買収事件で懲役3年の実刑が確定した河井《かわい》克行《かつゆき》元法相は逮捕前『捜査中』を理由に説明を拒んだ。違法寄付で罰金刑が確定した菅原《すがわら》一秀《いっしゅう》元経済産業相は記者会見しないまま議員辞職した」、「安倍氏も閣僚らの不祥事のたびに『任命責任は私にある』と語っていたが、自ら具体的に何らかの対処をしたり、当事者に説明を求めたりすることはないままだった」ことに言及し、「政権党で続く、こうした身の処し方がモラルハザード（倫理観の欠如）を招いていないか」と迫る。

それが、「森友学園関連の決裁文書改ざん問題を巡り、自殺した近畿財務局元職員の遺族が起こした訴訟を『認諾《にんだく》』という形で終結させた。なりふり構わなくなったようにすら思える。今回の判決についても、政権からは人ごとのような反応しか出てこない」として、岸田文雄政権下でも説明回避が続いていることを問題視する。

最後に、「国民の疑念を招いたならば、丁寧に説明することは政治家として当然であり、政権党こそ自らを厳しく律するべきだ」と訴える。

「行政のトップが利害関係者から現金を受け取るなど、言語道断《ごんごどうだん》である。職責の重さを自覚せず、規範意識を欠いていたと言わざるを得ない」で始まるのは読売新聞（5月27日付）の社説。

同紙も、吉川氏が「現金の受領については、その後も有権者への説明責任を果たしていない」ことや、河井、菅原両氏の事件から、「不祥事を起こしても本人や政党が説明しない状況が続いている。安定政権が続くなかで、緩みが生じているのではないか。けじめのない姿勢が政治不信を招いていることを猛省せねばならない」とする。

それで良いのかサントリー

政権のこのような姿勢に批判が噴出するとき、東京新聞（5月28日付）が、「安倍晋三元首相の後援会が『桜を見る会』前日に主催した夕食会で、サントリーホールディングスが２０１７～19年、計４００本近い酒類を無償で提供していた」ことを伝えている。企業の政治家個人への寄付を禁じる政治資金規正法に抵触し、「違法な企業献金に当たる可能性がある」との指摘も出ているそうだ。

同紙によれば、「会場のホテル側が作成した資料に『持ち込み』として酒類の記載があり、同社の電話番号も書かれていた」とのこと。サントリーの広報担当者は、無償提供を認めた上で「安倍議員事務所から多くの方が集まると聞き、製品を知ってもらう機会と考え、夕食会に協賛した」と説明している。

ここでもまた、「安倍氏関連の政治資金収支報告書に同社からの寄付の記載はない」そうだ。わが家の晩酌メニューからは、サントリーの記載は即刻削除された。

ちなみに、「たとえ要請があっても政治家に無償で製品を提供することはない」（キリンホールディングス）、「お客さまにお金を支払って購入していただくものなので、政治家のパーティーなどに提供することはない」（アサヒグループジャパン）とのこと。

両社が、これからもその姿勢を貫くことを願うばかり。

聞きたい！ＪＡグループの見解を

さて、ＪＡグループの機関誌「日本農業新聞」は、吉川元農水相の有罪判決について、5月27日付で事実関係を淡々と報じた。少なからぬ一般紙が、「農林水産行政全体の公正さに悪影響を及ぼす行為で非常に悪質」な事案を憂い、「社説」などを通じて、警鐘を鳴らしているにもかかわらず、今のところ、この業界専門紙から傾聴すべき論説は展開されていない。そして、ＪＡグループやその政治組織「全国農政連」からも、コメントひとつ聞こえてこない。

これからも、「倫理観の欠如」した政権を支持するということか。これじゃいつまでたっても、国民の信頼は得られません。

「地方の眼力」なめんなよ

黒田発言が露呈したもの

（2022・6・8）

国民年金・厚生年金保険の年金額改定通知書が先日届いた。6月以降の振込額が、4月の振込額より408円減る。年金がゆっくり減額されていく。年金生活者の首が、ゆっくり絞められていく。

食料高騰で貧困加速というのに

日本農業新聞（6月7日付）の2面のレイアウトには苦笑した。

まず左上には、「食料高騰で貧困加速　価格1％上がると1000万人増」との見出しで、ワシントン共同の配信記事。

リード文は、「世界の食料価格が1％上昇するごとに1000万人近くが1日1・9ドル（約248円）未満で暮らす『極度の貧困』に陥るとの試算を世界銀行が5日までにまとめた。ロシアのウクライナ侵攻の影響が食料の値上がりに波及。世銀は『最貧困層ほど家計に占める食費の割合が大きく、価格高騰の衝撃を受ける』と危機の拡大に警鐘を鳴らす」と、報じている。

さらに、国連食糧農業機関（FAO）が3日、5月の世界食料価格指数が前年同月比で22・8％上昇したことを発表したこと。

世銀の試算では、極度の貧困層は2022年に6億5600万〜6億7600万人に上る見通しで、新型コロナウイルス危機前の予想より7500万〜9500万人増加すること。

そして、世界食糧計画（ＷＦＰ）が、ロシアによる軍事侵攻が収束しなければ、ＷＦＰが活動する81カ国で「深刻な飢餓に苦しむ人々が４７００万人増加する」と予想していること、等々も伝えている。

この記事の右に載るのが、黒田東彦《くろだはるひこ》日本銀行総裁が６日都内で講演したことを淡々と伝える記事。

問題発言は、最近の価格上昇に関して、「企業の価格設定スタンスが（引き上げ方向に）積極化している中で、家計の値上げ許容度も高まっている」と語った所。

当コラムも、６日夜のニュースでこの見解を知った瞬間、違和感を覚えた。

今年に入っての値上げラッシュを、消費者が納得して受け止め、家計にダメージを受けることもなく、のんきに暮らしているという、生活の実相とは真逆の見解だからだ。

案の定、炎上。すぐにはじまる、消火活動。

毎日新聞（６月８日付）によれば、翌７日の参院財政金融委員会での野党議員から相次ぐ批判に、黒田氏は「１０0％正しかったかと言われると、若干ためらうところがある」「値上げ許容度という言い方が適切かどうかは批判を甘受したい」などと釈明した。

この程度で火は消せず、黒田氏は7日夜、記者団に対し「家計は苦渋の選択としてやむを得ず値上げを受け入れている。誤解を招いた表現で申し訳ない」と謝罪した。

私たちは「誤解」していません。国民の生活の実相を「誤って理解している」のは、ハルヒコさん！あんたなんだよ！

民の竈

「家計の値上げ許容度も高まっている」との黒田発言を、勝手な解釈で「信じ難い発言」とするのは、東京新聞（6月8日付）の社説。「多くの家庭が食費や光熱費などを切り詰め、耐え忍んでいるのが実態」として、「苦しい『民の竈《かまど》』が見えていないのではないか」と、一の矢を放つ。

さらに、「貯蓄の伸びは、将来に対する不安が増大したからにほかならない。貯蓄額の増加が安心感を生み、家計の値上げ許容につながっているというのは現実から懸け離れた、誤った分析」と、二の矢。

そして、「黒田氏はまず小売店に自ら出向いて人々の話を直接聞くべきだ。その上で、自らの発言が的を射ていたか、深く考えてほしい」と、三の矢。

賃金を上げろ！

「商品の価格が上がれば企業の売り上げは増える。業績が向上すると従業員の賃金が上がる。生活に余裕が生まれ消費が活発化し、企業の利益も一層増える」という、「物価の上昇が経済全体に好循環をもたらすという発想」が黒田発言の土台にあるとするのは、信濃毎日新聞（6月8日付）の社説。

そもそも今の物価高は「コロナ禍やウクライナ危機で海外から調達する原材料価格が上昇し、生産コストが膨らんだのが主な要因」で好循環の兆候ではない。さらに、「競争が激しく値上げに敏感な国内市場で企業はこれまで、値上げを控えてきた。それが最近、コスト上昇に耐えきれず価格転嫁し始めたというのが実態だ。消費者が寛容になったわけではない」と、急所を衝《つ》く。

そして、「重要なのは賃金の動向だ。今年の春闘は大手企業の間で賃上げの動きが出てきたものの、中小までは十分に波及せず、物価上昇のペースに追いついていない。賃金が上がらなければ消費者の生活は苦しい。物価高を『許容』できず生活防衛に走る人が増えると、商品やサービスの販売は伸びない。企業業績も伸びない」とする。

沖縄タイムス（6月4日付）の社説も、「物価上昇に見合った賃上げこそ重要」とする。そして、「コロナからの出口がようやく見えてきたが、賃上げが物価上昇に追い付かなければ、個人消費も停滞する」ため、「『賃上げ』は日本の最重要課題」とする。

そして、好業績の企業には「内部留保」を従業員に分配することを、政府には「体力の弱い中小零細企業の支援」を求めている。

さらに、沖縄県による21年度の小中学生調査で、困窮世帯が28・9％に上り、3回目の今回で初めて増加に転じたことを紹介し、低賃金が「子どもの貧困」に直結し、貧困層が拡大しかねない深刻な情況を伝えている。

怒らなきゃ、やられるぞ！

「サンデー毎日」（6月19〜26日号）で、非正規、貧困、格差問題に取り組んでいる雨宮処凛《あまみやかりん》氏（作家）は、「問題は、この参院選の後は、向こう3年間国政選挙がないだろう、ということだ。その間に防衛費が増額され、消費税が増税される懸念がある。貧困問題に取り組んでいて、今の物価高だけでも厳しいのに、消費税まで上がると、命の危険まで出てくる」と語っている。

図らずも黒田発言が教えてくれたのは、彼のような上級国民には、人びとの生活の実相への興味も関心もないことだ。真綿で絞めていることに気づかないはずだ。やられる前に、「オレもアンタとおんなじ人間だ！」と、怒りをぶつけてやろう。

「地方の眼力」なめんなよ

侮辱罪と民主主義

（2022・6・15）

共同通信社が6月11日から13日に実施した全国電話世論調査（対象は全国の有権者2530人、回答者は1051人）では、前回の当コラムで取り上げた黒田東彦日銀総裁の「家計の値上げ許容度も高まってきている」という発言に関連した、興味深い質問がなされている。

「黒田はクロだ!」って言っていいのかな…

黒田氏の発言に関連する質問の結果概要は、次のように整理される。（強調文字は小松）

（1）「幅広い分野での値上げが生活に与える打撃」については、**「非常に打撃」19・2%**、**「ある程度打撃」58・1%**、「あまり打撃になっていない」19・7%、「全く打撃になっていない」2・9%。**77・3%が打撃を受けている。**

（2）「物価高に対する岸田文雄首相の対応」については、「評価する」28・1%、**「評価しない」64・1%**。

（3）「黒田東彦日銀総裁の『家計の値上げ許容度も高まってきている』発言」については、「適切」16・9%、**「不適切」77・3%**。

（4）「日銀総裁として黒田氏は適任か」については、「適任」29・2%、**「不適任」58・5%**。

（5）「今夏の参院選の投票先を決める時、物価高騰をどの程度考慮するか」については、**「大いに考慮」18・0%**、**「ある程度考慮」53・1%**、「あまり考慮しない」21・8%、「全く考慮しない」5・4%。

（6）「今夏の参院選比例での投票予定先」については、**「自民党」39・7%**、「分からない・無回答」25・5%、「日本維新の会」9・9％、「立憲民主党」9・7％などとなっている。純粋野党ともいえる、立憲民主党、共産党、れいわ新選組、社民党の合計は15・9％。「分からない・無回答」の回答者が全員、純粋野党に投票したとしても41・4％で、過半数には及ばない。

広範に及ぶ値上げで8割近くの国民が打撃を受け、大打撃を受けている人は2割にも及んでいる。ゆえに、6割以上の人が、岸田首相は評価に値する対応を取っていないとする。また黒田氏の発言を8割の人が不適切とし、6割の人は、氏を日本銀行の総裁としては不適任としている。

今夏の参院選においては、7割の人が物価高騰問題を考慮して投票先を決定する、としている。ところが、その投票予定先で最も多いのが自民党。この党は、物価高騰に適切な対策を講じていない現政権を支える与党である。

ヤジったら侮辱罪ですか？

物価高騰への怒りをぶつけようと、選挙遊説中の岸田首相をヤジるぞと、手ぐすね引いている人にはやっかいな法律、「侮辱罪《ぶじょくざい》」に懲役刑を導入し、法定刑の上限を引き上げる改正刑法」が参院本会議で6月13日に可決、成立した。今夏にも施行する。そもそもは、深刻化するインターネット上の誹謗中傷《ひぼうちゅうしょう》に歯止めをかけるのが狙いであったのだが、いや〜な臭いがしてくる代物。

朝日新聞（5月8日付）の社説は、SNSを使って人をおとしめる行為への対策は急務とした上で、「一方で侮辱と正当な批判との線引きは容易でなく、厳罰化は表現行為全般を萎縮させる恐れをはらむ」として、慎重な検討を求めた。

事実を示さなくても公然と人を侮辱すれば成立する侮辱罪で、「毎年数十人が処罰され、罰は法定刑の上限に近い9千円の科料に集中」しているとのこと。それを厳罰化する政府案に、次の3点から反対意見を展開した。

まず、既存の名誉毀損《きそん》行為を罰する条文においては、「公益を図る目的があり、内容が真実ならば免責するという特例がある。政治家や公務員に関する批判的な言論についても同様の保護がある」が、侮辱罪にはこうした規定がない点。

つぎに、懲役刑が科されるようになれば、逮捕して取り調べることがやりやすくなる点。ところが、国会審議においてこのことへの議論が深まっていないことを懸念する。

そして、国連の委員会も、「表現行為に自由を拘束する刑を科すことに否定的な見解を示している」点をあげる。

発信者を特定し賠償を求めることが以前より容易になったとはいえ、「費用も手間もかかり、なお『救済』には遠い」という指摘を紹介し、「匿名《とくめい》でも人を傷つける言動をすれば民事上の制裁を受けるという実例を重ね、広く認識されることが、抑止効果にもなる。表現の自由との両立を常に頭に置き」、工夫を重ねることを求めている。

閣僚を侮辱した人は逮捕される可能性がある

しかし、賛成多数での成立。

信濃毎日新聞（6月14日付）の社説も、「自由な言論をためらわせ、政府への批判を封じる手段にもなり得る法改定である。運用に厳しい目を向けていかなくてはならない」と、危機感を隠さない。

衆院法務委員会で「閣僚を侮辱した人は逮捕される可能性があるか」との質問に、最初は「ありません」と断言した二之湯智《にのゆさとし》・国家公安委員長が、根拠を問いただされて言いよどみ、ついには「可能性は残っている」と前言を翻《ひるがえ》したことを紹介し、厳罰化が有する「言論の圧迫、萎縮を国民に強いる危険性」を明示した。

さらに、「何が侮辱にあたるかは明確でない。それだけに、恣意《しい》的な判断の余地がある。捜査当局がどのようにも解釈し、適用の対象を広げ得るということだ。（中略）身柄を拘束される恐れがあるだけで萎縮させる効果は大きい」とし、「厳罰化するにしても、言論の自由の圧迫や統制を排する明確な歯止めが、最低限必要になる」とする。「表現の自由を不当に制約していないかを、施行から3年後に検証する条項が付則として加えられた。その際、公共の利害に関わる特例を検討することを付帯決議で政府に求めてもいる」ことにも、「本来、後回しにしていい議論ではない」と容赦なし。

最後に「言論の取り締まりにつながりかねないやり方は、民主主義の土台を壊す。誹謗中傷対策を理由に、監視や統制が強化される危険性を見落とさないようにしたい」と念を押す。

侮辱罪に問われるべきは誰だ

立川談四楼《たてかわだんしろう》氏（落語家）は、「……ネット中傷への対策が急務なのは論をまたないが、怪しい。オレたち権力を非難しても同じだぞ、とのどう喝《かつ》が見え隠れしているからだ。有り体に言えば、政権は言論の自由を奪いにきている。『安倍辞めろ』と言っただけでひっくくられたのがいい例なのだ」と、14日のツイッターで臭いの源を嗅ぎ当てている。まったく同感。

当コラムも、この国の人びとや民主主義を侮辱し続けた連中には厳しい言葉を投げつけてきた。これからも筆致を緩めることはない。なぜなら、国民を、民主主義を、侮辱し続ける輩こそが、侮辱罪の対象だからだ。何か文句ある？

「地方の眼力」なめんなよ

内憂外患への一票入魂
（2022・6・22）

第26回参院選が公示された。問われるのは、昨秋の衆院選直前に発足した岸田文雄政権の成果とこの国の針路。内憂外患の四字熟語が適切に情況を語っている。内憂は、賃金が上がらない中での物価高騰や新型コロナウイルスへの対応など。外患は、ロシアのウクライナ侵攻がもたらしている世界的危機へのわが国の対応など。

世界の食料事情は崖っぷち

沖縄タイムス（6月3日付）で中満泉《なかみついずみ》氏（国連事務次長）は、「……欧州の戦争が各国で飢餓を引き起こし、何年も続く可能性があるのだ。食料難はさらなる不安定要因となり、紛争の火種になるだろう。私は30年以上仕事をしてきて、これほど世界が崖っぷちにあるように感じたことはなかった」と、世界が食料危機に直面していることを語り、「……ロシアのウクライナ侵攻以来ますます機能不全に陥った国際協調が、世界の破滅的な危機を防ぐために必要なことが理解できまいか。どの国も一国では到底解決できない問題に、私たち人類は直面している」と、国際協調で飢餓を防がねばならないことを訴えている。

髙村薫《たかむらかおる》氏（作家）も中満氏と同様の危機意識を有している。氏は、「サンデー毎日」（7月3日号）で、「農地があっても肥料がなく、世界的な収穫量の減少と買い占めで食糧価格の高騰が止まらない危機は、日本も例外ではない。食糧の安定供給はまさしく安全保障の課題だが、これがすでに厳しくなっている以上、国民としては言葉が踊るばかりの『拡大抑止』より、米や大豆の増産と備蓄の話を聞きたいと思う。あるいは途上国支援や国際協調の話を聞きたいと思う。このままでは日本でも本格的な食糧不足に陥る可能性は十分にあり、そうなれば私たちは生存のためのまったく新しいフェーズに入ることになるが、必要なのは種々の新たな食糧生産やそれに関連した技術開発であって、軍拡競争ではないことだけは確かである」と記している。

生産費高騰に苦しむ農業者の苦しい投票行動

日本農業新聞（7月21日付）は、この参院選に関する同紙農政モニター調査の結果概要を報じた（対象者1041人、回答者702人）。世界食料危機の足音が鮮明になる中での、農業と農政への課題をみることができる。

まず、生産資材高騰や人件費の上昇が農業経営に及ぼした影響については、「大きな影響がある」60・7％、「やや影響がある」24・6％、「影響はない」3・7％、「分からない」8・4％。影響を受けているとするのが85・3％で、ほとんどの農業者が生産費上昇に直面している。

期待する生産資材高騰対策（二選択可）は、最も多いのが「高騰に対する価格補填」66・7％、これに「農畜産物の値上げの理解促進」42・2％、「国産飼料の増産や国内資源の活用」29・1％が続いている。

岸田政権に期待する農業政策（三選択可）は、やはり「生産資材などの高騰対策」が44・7％ともっとも多い。これに「米政策」36・0％、「生産基盤の強化」28・8％が続いている。

さて、現自公政権の農業政策についての評価であるが、「大いに評価」2・4％、「どちらかといえば評価」30・8％、「どちらかといえば評価しない」42・5％、「まったく評価しない」15・7％。大別すれば、「評価する」33・2％、「評価しない」58・2％で、6割の農業者が「評価しない」とする。

6割にも及ぶ「評価しない」とする人がその根拠とした農業政策（三選択可）を見ると、最も多いのが「米政策」55・9％。これに「生産資材などの高騰対策」42・2％、「生産基盤の強化」38・7％が続いている。

現政権の農政を決して評価しているわけではないが、頼らざるを得ない苦しい情況を示すのが次の回答結果である。農政で期待する政党は、「自民党」49・7％、これに「期待する政党はない」26・8％、「立憲民主党」10・4％、「共産党」6・1％が続いている。

そして、参院選の比例区での投票政党は、「自民党」43・7％、これに「決めていない」28・5％、「立憲民主党」11・8％、「共産党」5・3％が続いている。

この結果を同紙は、「6割近くに上る現政権の農政に批判的な声の受け皿に、野党がなりきれていない状況だ」としている。

受け皿になれないのか純粋野党

共同通信社が6月18、19日に行った、参院選の有権者動向を探るために全国電話世論調査（対象は全国の有権者3013人、回答者は1240人）も、野党の影が薄くなりつつあることを教えている。

まず「投票において最も重視すること」については、「物価高対策・経済政策」が42・0％で最も多い。これに「年金・医療・介護」16・2％、「子育て・少子化対策」10・6％が続く。「外交や安全保障」は8・2％で第4位。「憲法改正」と「地域活性化」はともに3・0％で8位であった。

有権者の最大関心事である「物価高」への岸田文雄首相の対応については、「十分だと思う」14・2％、「十分だとは思わない」79・6％。8割の人が岸田政権の無策ぶりを指摘している。

ところが、「選挙区での投票予定候補者の政党」で、最も多いのが「まだ決めていない」の34・7％。これに「自民党」31・2％、「立憲民主党」7・3％が続いている。ちなみに、純粋野党（立憲民主党、共産党、れいわ新選組、社民党）は12・2％。

「比例代表での投票政党」でも、最も多いのが「まだ決めていない」の34・2%。これに「自民党」27・3%、「日本維新の会」7・7%が続いている。ちなみに、純粋野党（立憲民主党、共産党、れいわ新選組、社民党）は13・3%。

純粋野党に絞っての話だが、「まだ決めていない」とする有権者が全員、純粋野党に投票したとしても5割には届かない。

有権者の「権利と責任」

高知新聞（6月22日付）の社説は、「通常国会では、野党のあり方も問われた。『批判ばかりだ』という批判を意識した立憲民主党は政策提案型路線にかじを切ったが、ほとんど存在感を示せなかった。最終盤の岸田内閣不信任決議案も野党間の足並みはそろわなかった。政権監視という役割を十分に果たせなかった結果が、桜を見る会や日本学術会議の会員任命拒否といった安倍、菅両政権の『負の遺産』に対する追及不足ではなかったか。選挙戦を経て野党勢力がどう変わるかも注目される」と、野党に鞭《むち》を入れる。

有権者に対しても、「有権者は物言う機会を無駄にせず、権利を行使して政治をコントロールしたい」と、大切な権利を無駄にすることなく、責任を果たすことを求めている。

国民一人一人を危険にさらす内憂外患の数々。その克服や解消の願いを込めて「一票入魂」。

「地方の眼力」なめんなよ

地方の心臓が止まるのを待っているのか

（２０２２・６・２９）

「…日本の毛細血管は中小企業や個人の商店だ。これらが底から経済を支え、街を支え、定型や支配に向かう何かから常にものごとを意外な方向にずらして進化へと導いていたのだ。それを台無しにしたのはもちろん時代の流れもあるが、小泉という人の時代からであろうと思う。あれからじょじょに、外圧も含めて日本からは中小企業と個人商店が消えていった」（吉本ばなな『私と街たち（ほぼ自伝）』河出書房新社）

「東京一極集中の是正」を争点に

吉本氏は、その情況を「街の心臓が止まるのを待っているようなものだ」と表現した上で、「ただ、人というものは意外に雑草のようにしぶといので、生命の動きは地方に拡散されてかろうじてまだ生きている。（中略）時代は地方に向かっているのだろう。可能性はそこにしかないとも言える」と、視座を切り換える。

山陽新聞（6月14日付）の社説は、参院選公示前に示された各政党の公約が、「外交・安全保障政策や物価高対策、新型コロナウイルス対応など」を主要テーマとしていることから、「東京一極集中の是正」を、その陰に埋没させてはならないとした。

なぜなら、「『東京圏』（埼玉、千葉、東京、神奈川）への過度な人口集中は地方の衰退だけでなく、大規模災害時などに国全体の社会経済活動を停滞させるリスクが指摘されている」にもかかわらず、各党の公約からは「危機感が伝わってこない」からだ。

「地方創生として政府はこれまで東京圏の転入者と転出者を均衡させる期限を定め、地方に本社機能を移す企業への税制優遇や政府機関の移転といった政策を打ち出した。十分な成果は出ておらず、政府内で一極集中是正の機運がしぼんだともされる」と悲観的状況を紹介した上で、決して「先送りできる問題ではない」と訴える。

政府が「今後、構想の総合戦略をまとめ、各自治体に地方版の戦略を作るよう要請する」としていることについても、このやり方には「地方創生でも批判があった」とクギを刺す。他方、野党にも対案を求め、「手法の是非や構想の中身を含め、各党は一極集中の是正策を競うべき」とする。

「地方活性化」「地域政策」への関心は高くないが

共同通信社は、参院選の有権者動向を探るために全国電話世論調査（対象は全国の有権者2830人、回答者は1247人）を6月26～28日に行った。

「投票において最も重視すること」に対して、最も多いのが「物価高対策・経済政策」41・8％。これに「年金・医療・介護」17・6％、「子育て・少子化対策」8・5％が続く。「外交や安全保障」は7・2％で第4位。「地域活性化」は2・9％で9位であった。これは「その他」「分からない・無回答」を除くと最下位である。

地域活性化を地方活性化と近似したものとして捉えるなら、地方活性化への有権者の関心はきわめて低い。

前回の当コラムで取り上げた日本農業新聞農政モニター調査の結果概要においても、岸田政権に期待する農業政策（三選択可）への回答で、「地域政策」としたのは13・4％。「その他」を含む17の選択肢中10位。農業者の関心も決して高くない。

なお、地方の活性化に向けた必要な対策（二選択可）については、最も多いのが「地方への移住、定住対策」39・3％。これに「地方への財政支援」34・6％、「半農半Xやマルチワーク（複業）など多様な働き方の支援」24・5％、さらに「都市農村交流や関係人口の創出」20・8％、「地方自治体の人材育成」19・4％が続いている。

必要な地方に特化した政策

「人口減少や東京一極集中の流れに一向に歯止めがかからない。危機感を持った論戦が求められる」で始まるのは福島民友新聞（6月25日付）の社説。

福島県の人口が「ことし4月に約179万6000人となり、戦後初めて180万人を下回った。人口の男女比をみると20〜49歳の世代は女性が男性よりも少ない」ことを取り上げ、「人口の減少を緩和するために特に重要なのは、都市部に転出した女性が地方に戻りたいと思える仕事や子育て環境などをつくること」とする。

しかし、「各党とも、少子化対策などを重視する姿勢はうかがえるが、地方に特化した政策分野に位置付けられた女性に関する公約は少ない」ことから、「女性が地方で充実した暮らしを送れるようにするための政策を示してほしい」と訴える。

さらに、同紙（6月28日付）の社説は、最大の争点となっている急激な物価上昇対策を俎上にあげ、「物価高の最大の問題点は、賃金の上昇が物価に追い付いていないことだ。各党とも賃上げに向けた政策に公約の多くを割いている。ただ、地方と都市部の賃金の格差是正への議論は低調だ。賃金は都市部ほど高い一方で、経済減速の影響は都市部より地方で長期化しがちだ。各党には地方を念頭に置いた経済と賃上げの議論が求められる」と迫る。

地方自治は民主主義の土台だが

「1990年代以降の一連の地方分権改革によって、今はどの自治体も国と対等・協力の関係にあると位置付けられている。権限と税源の移譲も徐々に進められてきた。それでも地域のことは地域で決める『地域主権』には遠い。なにより国の意識が変わらない」と、慨嘆するのは信濃毎日新聞（6月29日付）の社説。

例えば、安倍政権下に打ち出された「地方創生」における、「地方都市の機能を集約する構想」や「総合戦略など山のような書類作りを自治体に迫るやり方」を取り上げ、「中央集権の発想から脱していない」と斬り捨てる。

また、「総務相がマイナンバーカードの普及率に応じて来年度から地方交付税の算定に差をつける方針を示した」ことを取り上げ、「国が保障すべき自治体の財源を政策誘導の手段に使う」ことに、「いかにも上から目線」と突き放す。

参院選で地方政策が焦点になっていないことを嘆きつつも、「住民の意思と責任の下に施策を行う地方自治」を「民主主義の土台」と位置付け、「自治体が持ち味と魅力を磨くことによって、多様さを増す働き方や生き方を受け止める場となり、暮らしの豊かさへとつながっていく」と、地方自治にエールを送る。

そして、地方に暮らす人びとには、「暮らしているこの場所から声を上げていこう」と、問題提起を呼びかける。

アンケート結果に示された地方活性化や地域政策への関心の低さは、必要度の低さを意味していない。それら以上に、可及的速やかに解消しなければならない多くの課題が眼前に突きつけられている、と考えるべきだろう。

しかし、地方活性化や地域政策の優先順位を下げるべきではない。何せ、鼓動が弱くなっているのですから。

「地方の眼力」なめんなよ

政治の世界と通信障害

（2022・7・6）

86時間にも及ぶ大規模通信障害。気楽な身の上ゆえ、固定電話やラインを使って何とか復旧の時を迎えた。しかし、至る所に看過できぬ支障を来し、命に危険が及ぶことさえあったとのこと。まさにライフライン。ありとあらゆるものがネットで結ばれているこの時代、通信事業者の責任はきわめて重い。もちろん、過度な依存も禁物。

スマート農業に影響

日本農業新聞（7月6日付）は、1面でこの通信障害が、スマート農業（例えば、トラクターの自動操舵装置、ハウスの環境モニタリング・制御装置、農作業管理アプリ、水田の水位センサーなど）に及ぼした影響を取り上げ、緊急時の対応が課題とする。

そこで、野口伸《のぐちのぼる》氏（北海道大学農学研究院教授）は、「スマート農業にとっても携帯電話の回線は欠かせないインフラ」と指摘し、スマート農業機器の利用が今後さらに進むことから、安定した通信環境の確保を通信会社に求めている。

地域活性化策として「デジタル田園都市構想」を公約に掲げているのは自民党。デジタル化はあくまでも手段に過ぎないが、その手段が脆弱《ぜいじゃく》であれば、それを土台にして創りあげられる田園都市は砂上の楼閣《ろうかく》である。

山際は瀬戸際

『「通信障害か』立候補者の声が心に届かない - 有権者 -（福岡・笑楽坊）」を、西日本新聞（7月5日付）の読者投稿「ひょうたんなまず」で見た瞬間、さまざまな場面での通信障害もどきを思いだして思わずニヤリ。

「野党の人からくる話はわれわれ政府は何一つ聞かない。生活をよくしようと思うなら、自民党、与党の政治家を議員にしなくてはいけない」とは、山際大志郎《やまぎわだいしろう》経済再生担当大臣が、7月3日に青森県八戸市の街頭演説で発したもの。

この問題発言について記者から問われて、「参議院選挙の候補者が地域の人たちの意見を国政に反映させてほしいと強調する文脈の中で、誤解を招くような発言になった」と釈明した。出ました「誤解を招くような発言」という、バカのひとつ覚え。

「権力を握っている政府は、野党議員を相手にしていません。野党候補者に投票しても、結局死に票ですよ。それを覚悟してね」と脅す、誤解したくても誤解できない発言。

国民、とりわけ野党支持者の声が政権与党から無視、黙殺される、「受信拒否」という政治的通信障害そのものである。

「発言は撤回しないのか」と記者から繰り返し質問されても、「慎重に慎重を期して、発言は丁寧にしていく」などと述べ、撤回を拒否した。

いいの、いいの、本音が分かったから。そして、議員の資格も大臣の資格もないこともネ。これで山際は瀬戸際。

お久しぶりの麻生発言

類は友を呼ぶ。山際氏の所属派閥は、麻生太郎《あそうたろう》自民党副総裁率いる麻生派。麻生氏も問題発言の手本を示す。

7月4日の千葉県市川市での街頭演説（朝日新聞デジタル記事7月4日21時6分）。「安全保障があるから、ひとがケンカをしかけてこないんだろ。子どものときにいじめられた子。弱い子がいじめられる。強いやつはいじめられないんだって。違いますか。国もおんなじよ。強そうな国には仕掛けてこない。弱そうな国がやられる。そういうもんでしょうが。『やり返される可能性が高い』と思われて、はじめて抑止力になる」などと、いじめ問題になぞらえて安全保障体制や抑止力強化を訴えた。

この人の思考回路はすぐにショートする。いじめ問題とウクライナ侵攻、それに乗じたわが国の国防問題は無関係である。相も変らぬ短絡思考。

身内の末松信介《すえまつしんすけ》文部科学相ですら、7月5日の記者会見で、「一般論としてそういう決めつけはどうかなと思う」と述べたことを紹介するのは、朝日新聞（7月6日付）。

いじめ問題に取り組むNPO法人「ジェントルハートプロジェクト」の小森美登里《こもりみどり》理事は、「強い、弱いという表現で決めつけ、分断する人権侵害の発言で、違和感がある。『弱いからいじめられる』というのは被害者に責任を負わせる言葉。加害者の置かれた状況という本質を考える機会が奪われてしまう。娘はいじめに苦しみ、自死する4日前に『やさしい心が一番大切』と言った。加害者の抱える問題を一緒に考える大切さを教えてくれた。政治家は、いじめ防止対策を担う組織づくりや、教員が研修に臨める環境整備に取り組んでほしい」と訴える。

麻生氏と少なからぬ国民の間には、解消不能の通信障害が存在している。障害の原因は、麻生氏の思考とその回路にある。

海自呉総監の注目すべき「個人的感想」

戦う国づくりに前のめりになる人が多くなる中、海上自衛隊呉地方総監部（広島県呉市）の伊藤弘《いとうひろし》総監の発言に少しホッとした。

毎日新聞（7月6日付）によれば、伊藤氏は7月4日、参院選で防衛費増額が争点になっていることを記者会見で問われ、「個人的な感想」と前置きした上で「（増額を）もろ手を挙げて無条件に喜べるかというと、全くそういう気持ちにはなれない」と述べた。氏は社会保障費に多額の財源が必要な傾向に歯止めがかかっていない点を指摘し、「どの省庁も予算を欲しがっている中で、我々が新たに特別扱いを受けられるほど日本の経済状況が良くなっているのだろうか」と語ったそうだ。

国内で弾薬の確保を求める議論があることにも触れ、「仮にミサイルや弾を買ったとしても、それを撃つ船の手入れを怠ったら海に出ていけない」として、艦艇や航空機のメンテナンスの予算確保などへの理解を求めたとのこと。

もちろん防衛省も黙ってはいない。青木健至《あおきたけし》報道官は5日の記者会見で、「発言は総監個人のものだと承知している…」「防衛省としては、防衛力の抜本的強化にあたって裏付けとなる予算を確保していく考えだ」と強調したそうだ。

防衛族を含む防衛関係者の間にも通信障害があるようだ。これこそ国防の危機か。

怜悧《れいり》かつ冷静な伊藤氏にお願いしたいことはただひとつ。ヤキを入れられて「誤解を招くような発言でした。今後は、慎重に慎重を期して、発言は丁寧にしていく」などと、無責任な政治家や官僚の真似をしないこと。

牧太郎《まきたろう》氏（毎日新聞客員編集委員）は、『サンデー毎日』（7月17〜24日号）で、「ウクライナ戦争を横目に、日本の政治家の多くが英雄気取りで『北大西洋条約機構（NATO）加盟国』でもないのに、ウクライナ支援を含めた『軍備拡張』を訴えている。当方から見れば、まるで米国兵器産業の『手先』になっているように見える」と記している。異議なし。

参院選の投票日まであとわずか。通信障害と無縁な候補者や政党にこそ、一票を投じる価値あり。「地方の眼力」なめんなよ

（2022・7・13）

「まかれた種」と「聞く力」

7月10日、私淑《ししゅく》する農民作家の山下惣一《やましたそういち》氏が逝去された。直木賞候補作「減反神社」を読んで以降、軽快な筆致でつづられた農ある世界で生き抜くことの喜怒哀楽や農政への鋭い指摘に、多くのことを学びました。ありがとうございました。

二人でまいた種。刈るのはあなたです

参院選も最終盤となった7月8日、「週刊文春」（7月14日号）を購入した。お目当ては、あの森友学園への「国有地巨額値引き売却」に、安倍晋三・昭恵《あきえ》夫妻が深く関わっていたことを示す新たな物証（取材・文は相澤冬樹《あいざわふゆき》氏）。

注目すべきそのひとつが「瑞穂の國記念小學院」の設計図。そこには、校舎三階と一階に「名誉校長室」の存在が記されている。籠池泰典《かごいけやすのり》氏（学校法人森友学園理事長）は「昭恵さんは本校の終身名誉校長という位置付けでしたから、それにふさわしい部屋を用意した」と、語っている。二部屋も設けた理由は、「三階が本来の名誉校長室…。そこは子どもたちから遠い。（中略）子どもたちが来やすい場所にも名誉校長室を設けたんです」とのこと。

これらのことは、単なる名誉職としての肩書だけではなく、「現場での実態を伴っていた」ことを証明している。

「私や妻が関係していたということになれば総理大臣も国会議員も辞める」と国会で言い放った安倍晋三氏に、「かつての自らの答弁を踏まえ国民に説明する義務がある」と相澤氏は迫る。キツい文春砲だ、と思った時には、実弾が炸裂していた。

安倍氏本人から真実を聞く機会は永遠に失われたが、当事者中の当事者がいる。安倍昭恵さんだ。この記事が事実無根のもの、あるいは籠池氏が勝手に二部屋用意したとすれば、ご夫妻の名誉は著しく毀損《きそん》されたことになる。ぜひ、公の場で真偽のほどを語っていただきたい。

昭恵さんは、喪主として「（安倍氏が）種をいっぱいまいた」とあいさつした。本当に、いっぱいまかはりましたで！

森友問題は二人でまいた種。ぜひ、早急にお刈り下さい。

農ある世界にもまき散らかされた数々の悪種

日本農業新聞（7月9日付）は、2面で「安倍農政」の歩みを整理している。

いわゆる12年体制と呼ばれる2012年12月から始まる第2次安倍政権は、〝成長〟を掲げて農政の大転換を図った。13年3月にはTPP交渉への参加を表明する。第46回衆院選で、下野《げや》していた自民党が、「ウソつかない。TPP断固反対。ブレない。」というポスターを農村部に大量に貼ったにもかかわらず。16年4月7日の衆院環太平洋連携協定（TPP）特別委員会では、「TPP断固反対と言ったことは一回も、ただの一回もございません」と安倍氏が答弁したことに、多くの批判が上がった。すでに、息を吐くようにウソをついている。

その後、「生産現場の主張とは必ずしも一致しない政府の規制改革会議（現・規制改革推進会議）などの提言を受け、〝官邸主導〟の改革を推進」することになる。

14年5月14日に「規制改革会議が抜本的な『農協改革』を提起」。16年4月には、准組合員への事業利用規制を脅しに使い、JA全中の一般社団法人化など中央会制度の廃止を盛り込んだ改正農協法が施行される。これを契機に、官邸と、その意のままに動く農水省の顔色をうかがうJAグループと化す。まさに、「触らぬ神に祟り無し」状態。

また、国家戦略特区における企業の農地取得の解禁や、主要農作物種子法の廃止など、農業の土台と根幹に関わる領域をビジネスの世界に広く解放することとなる。

その間、食料自給率は40％を下回り、改善の兆しすら見られない。

農業、農村、そしてJAという「農ある世界」にまき散らかされた数々の種がもたらす花や実が、われわれの農や食をより良きものにしてくれるとは到底思えない。

農水省もJAグループも、情緒的にならずきっちりと検証し、「悪種が良種を駆逐」せぬよう、早急に対応すべきである。

岸田首相に強いリーダーシップを求めてはいるが

日本農業新聞（7月11日付）の論説は、参院選で維新が躍進したことから、「維新は企業の農業参入の推進に重点を置くだけに今後、企業の農地取得へ一層の規制緩和を求めてくる可能性は高い」と警戒する。

そして、「官邸主導の安倍、菅政権下の規制改革で農業農村は疲弊《ひへい》が進んだ。『攻めの農政』『競争力強化』の果てに個人農家の離農は相次ぎ、もはや地域は持たない」と、指弾する。

岸田首相が、「多面的機能の維持や食料安全保障の観点から、中小・家族農業や中山間地農業の支援を強化」「米をはじめ国産農畜産物の需給・価格の安定など、農業者の所得向上に向けて政策を総動員」と訴えて、総裁選を勝ち抜いたことを示し、公約実現に向けた指導力の発揮を求めている。

加えて、「食料自給率の向上や食料安保の確立に向けた各党の公約に大差はない」として、党派を超えて議論を深め、海外依存からの脱却に向けた「多様な農業を大切にする農政」「持続可能な農業への立て直し」を提起する。

さらに翌12日付の同紙の論説も、「農政課題は山積する。与党は数におごることなく、超党派で食料・農業危機の対応に当たるべきだ」と発破をかける。

「中長期的な課題は、食料安全保障の強化だ」として、各党の認識に大きな違いがないことから、「この問題は国家戦略として超党派で取り組むべきだ」として、首相に強いリーダーシップを求めている。

地方の「声なき声」を拾い集めるのは誰だ

同紙同日付に柴山桂太《しばやまけいた》氏（京都大学大学院准教授）は、参院選で野党が自滅したという感想を示し、32の1人区で28議席を自民が獲得し圧勝した点に注目する。その多くが地方であることから、「野党は地方で支持を失った」と結論づける。

ただし自民党は、今や都市部のサラリーマン層を支持基盤とする都市型の保守政党となったとして、野党の党勢立て直しに際しては、特に地方の「声なき声」を拾い集めよという。なぜなら、地方には「現在の自民党の政策が事実上の地方切り捨てではないかと危機感を募らせる人」が多数存在するから。

確かに、当コラムでも紹介した、選挙前の日本農業新聞農政モニター調査において、「岸田農政に約6割が不満」を示していた。

なぜ農業者の声が聞こえないのか。「聞く力」なき野党には猛省を促したい。

「地方の眼力」なめんなよ

国葬とはこの国の野辺送りか

（2022・7・20）


前回の当コラムで安倍農政のまいた悪種を確認した。これだけでも、安倍晋三元首相は国葬に能《あた》わぬ政治家。

ところが、自民党の茂木敏充《もてぎとしみつ》幹事長は7月19日の会見で、「国民から国葬をすることについて、いかがなものかという指摘があるとは認識していない」と語った。異論に対する傲岸無礼《ごうがんぶれい》な姿勢も、安倍氏が遺したもの。

国葬に賛意を示す全国二紙

「安倍晋三元首相は国葬で送られるべきである」で始まるのは産経新聞（7月14日付）の主張。世界259の国・地域、国際機関から2000件超もの弔意が寄せられたことなどから、「これほど世界から惜しまれた政治家が日本にいただろうか。日本にとどまらず、世界のリーダーだった。国民が安倍氏を悼み、外国からの弔問を受け入れるには国葬こそ当然の礼節である」とする。

困ったときの外遊で、外面《そとづら》がよかっただけのこと。もしも世界のリーダーだったのなら、なぜお友達プーチンに「つまらないからやめろ」と、戦争終結に向けた橋渡しをしなかったのか。ツッコミをこらえきれない。

悪名高き「集団的自衛権の限定行使を容認する安全保障関連法制定」についても、同紙にかかれば「功績も著しい」に化ける。

高揚する産経新聞とは異なり、読売新聞（7月16日付）の社説は、「元首相が演説中に銃撃された衝撃の大きさや、内外の多くの人々が死を悼んでいることを踏まえた判断なのだろう。静かに見送りたい」で始まる。

「国葬という最高の形式に、異論がある人もいよう。だが、不慮の死を遂げた元首相の追悼方法を巡って日本国内が論争となれば、国際社会にどう映るか。そんな事態を、遺族も望んではいまい。政府は、不必要な混乱を招かないよう、国葬の規模や運営方法などについて、丁寧に説明を尽くしてもらいたい。支出の透明性を確保することも大切だ」と、訳知り顔で諭している。

国葬に疑問を呈する地方紙

「国葬には慎重な判断が求められる」とするのは沖縄タイムス（7月17日付）の社説。

岸田首相は、国葬を行う理由に、在任期間が戦後最長であることや震災復興、経済再生、日米同盟基軸の外交展開をあげた。

これに対して、「汚染水処理もままならない原発事故を『アンダーコントロール（制御下にある）』とした安倍氏の発言には強い批判もあった」とする。さらに、「アベノミクスでも賃金は上がらず、デフレ脱却の道筋も見えない」「外交で日米豪印の枠組み『クアッド』などを推進した一方、国内では集団的自衛権の行使容認や『共謀罪法』の成立で評価が割れた」「森友、加計《かけ》学園問題や公文書改ざん問題も記憶に新しい」と、数々の負の遺産を提示する。

また、沖縄では「屈辱の日」と呼ばれるサンフランシスコ講和条約の発効日（4月28日）を、沖縄県民の7割が式典開催を「評価しない」と回答したにもかかわらず、「主権回復の日」として2013年に初めて政府主催で強行したこと。辺野古の新基地建設をはじめ、こと沖縄政策に対しては強硬姿勢が目立つ政治家でもあったこと、等々から国葬への反発も少なくないとする。

信濃毎日新聞（7月16日付）の社説も、「公文書改ざんに絡み近畿財務局の職員が自殺した森友問題。国家戦略特区の選定で権力の乱用が指摘された加計問題。『桜を見る会』を巡る疑惑も未解決のままだ」と、安倍政権の醜聞《しゅうぶん》を示す。

さらに、「集団的自衛権行使を可能にした安全保障関連法は、違憲性が指摘されている」「経済政策『アベノミクス』への評価も割れる」、そして「海外からの弔意には外交儀礼が含まれる」と、急所を衝く。

岸田首相が、「国葬を通じて『わが国は暴力に屈せず、民主主義を断固として守り抜く決意を示す』」と主張したことについても、「問題を『民主主義への暴力』にすり替えていないか」と詰め寄り、「事件の構図を踏まえ、政治家と宗教団体との関係性を検証し直さなくてはならないだろう」と本質に迫る。

中国新聞（7月19日付）の社説も、「加計学園問題をはじめ政権の私物化と、官僚の『忖度《そんたく》』といった『1強』のおごりや長期政権による緩みも目立った。とりわけ森友問題では、財務省による公文書改ざんまで起き、職員が自殺に追い込まれた。国会での論戦を避けて数で押し切る手法で、国民の分断を招いた。集団的自衛権の限定的行使を容認する憲法解釈の転換や安全保障法制などである。沖縄に関しては、米軍基地新設に何度も『ノー』の民意を示したのに、十分耳を貸さなかった」「『桜を見る会』を巡る疑惑では、事実と異なる国会答弁が少なくとも118回に上った」等々から、安倍氏こそが「民主主義の原則を軽んじた」と断じる。

これら以外にも多くの地方紙が、国葬に「いかがなものか」という指摘をしている。新聞読めば、茂木さん。

山上容疑者がさらしたもの

毎日新聞（7月18日付）で、「葬式で見る限り、安倍は岸信介も佐藤栄作も中曽根康弘も超えてしまった」「260の国・地域・機関から届いた1700以上の弔意が、安倍の国際的評価を物語る」と、あまたの負の遺産には目もくれず礼賛《らいさん》する山田孝男《やまだたかお》氏（同紙特別編集委員）は、「安倍暗殺の背景には、安倍と『世界平和統一家庭連合』（旧統一教会）の関係がある――と報じられている。同連合の政治団体『国際勝共連合』から集票支援を受ける自民党の国会議員の名前が取り沙汰される中での国葬になる。複雑な問題を腑分《ふわ》けして考える必要があろう」と、国葬の是非を問うほどの問題では無いという姿勢を示した。

どう腑分《ふ》けをするのか腑に落ちない。この問題を、本気でその程度に捉えていれば能天気。

内田樹《うちだたつる》氏（思想家、武道家。信濃毎日新聞7月19日付夕刊）は、「全国霊感商法対策弁護士連絡会によれば、統一教会は過去35年に国内で霊感商法による被害件数3万4537件、被害総額1237億円という事件の当事者である。連絡会は議員たちにこの事実を示して、統一教会の活動に加担し『国会議員も関与している合法的な活動』という印象を与えることは、被害者を傷つけるばかりか、新たな被害者を生み出すことにもなるので、関係を断つよう繰り返し懇請してきた。その忠告を無視し、あえて統一教会との関係を続けてきた以上、『危険な団体だとは知らなかった』という言い訳は通らない」「『危険なカルトだとは知っていたが、自分の政治活動のためにその資金力・動員力を利用してきた』というのがおおかたの本音だろうが、それは口が裂けても言えない。その『資金力』なるものは、まさに『被害総額1237億円』を原資とするものだからである」と記している。

山上徹也《やまがみてつや》容疑者は、安倍氏殺害を通じて、図らずも自民党や少なからぬ政治家の暗部と恥部を白日の下にさらした。

安倍礼賛記事の最後で山田氏は、国葬と統一協会問題は分けて考えるべし、と軽く処理した。

それは、「この安倍案件が敬愛する政治家安倍晋三のとどめとなる」ことに気付いていたから、とは過大評価か。

モリ・カケ・サクラ、そして統一協会。それでも国葬を挙行したら、それは、この国そのものの野辺送《のべおく》りである。

「地方の眼力」なめんなよ

K氏と協同組合のこれからを考える

（2022・7・27）

4月16日、倉敷市で行われた「岡山登山者9条の会・総会」で講演をした。すべてが済んでの帰り際、「生協など協同組合は、今後どうなりますか？　発展する、衰退する、分からない、この三択でお答えください」との質問があった。

「協同組合は、緩やかだが発展する」って、本当？

質問の主であるK氏より、手紙（7月13日付）をいただいた。返事を書きそびれていたが、協同組合の本質に迫る、深くて、普遍的な問いであるため、この紙面で私の考えを書き記し、読者の方にも共有していただくことにした。なお、K氏に関わる部分は、可能な限り忠実な再現を試みたが、若干改変していることをご了解いただきたい。

K氏　私は、若い頃に医療生協に就職し、定年まで勤めあげて19年経過しましたが、退職後も生協の今後について気になっていました。先生は即座に、緩やかだが発展するだろうと断言されました。その理論的根拠を教えてください。生産分野の協同組合でも、消費分野の協同組合でも同じとお考えでしょうか。

例えば、日本における生産の分野では代表格の農協はどうでしょう。農業の衰退に伴って、見た目には以前の活気、輝きが失われつつあると感じられます（実際はよくわかりませんが……）。

また、消費の分野では、消費生協もかつての勢いが感じられません。ヨーロッパなど世界的にはどうでしょうか。

私が働いていた医療福祉生協も、同業種の団体との差別化が希薄になりつつあると感じています。

小松　返事を書きそびれていた最大の理由が、この質問への回答の難しさです。本音を言えば、はっきりしたことは分からない。しかし簡単に「分からない」とは言いたくない。K氏も書かれている協同組合の状況が私の脳裏に浮かび、「衰退する」可能性も否定できない。ただ、眼前にある協同組合の状況は「発展」してはいないが、廃《すた》れているわけでもない。

資本主義が行き詰まり、より自由な企業活動を目指し、各種規制の緩和を求める新自由主義のもと、経済格差は確実に拡大しています。多くの人びとを取り巻く社会的、経済的状況は、悪くはなっても、良くはならない。そのような状況において、人々の協同活動を機軸とした協同組合の存在意義は高まるに違いない、と考えました。期待を込めて、「緩やかだが発展する」と答えた次第です。恥ずかしながら、理論的根拠として誇れるものはありません。

「新たな探究の時代」に入るべき協同組合

K氏　協同組合の特質として、人々が協力協同することは生存にとって、またより良い社会を築くうえでも普遍的な価値があると考えられ、協同組合運動の理念の原点だと思います。しかし近年、運動が停滞気味で、事業面でも競争の厳しい環境下で苦闘しているのが現状だろうと勝手な推測をしています。突破するために何が必要か、新たな探究の時代にあるのではないでしょうか。

小松　ご指摘の通り、現状を打開し、協同組合の新たな時代を拓くために、何が求められているかを探究すべき時です。組合員なき協同組合は存在しません。基本は、K氏が指摘されている「人びとが協力協同する、協同組合の特質」を組合員に認識してもらい、当事者意識を持った組合員が多数を占める協同組合を創りあげることです。

ＪＡ役職員が、何の疑問も感じず、組合員を「お客様」と呼ぶ時ほど、興ざめな時はありません。

週に3、4回ほど生協の店舗に行くのですが、ここにいる組合員のうち、どれほどが当事者意識を持っているのかと、いつも気になっています。

「政治的中立の原則」を疑え

K氏　現役時代から、今もなお疑問に思うことは、「政治的中立の原則」についてです。医療の場合、良い医療を追求し、医療要求を実現しようとすれば、国の医療政策とぶつかることがたびたびあります。こうした場合、政治的中立では、要求が実現できず、運動、組織、事業の全般に停滞をもたらす要因になり得ると考えられます。

現役の頃、厚生省から政治的中立を遵守《じゅんしゅ》せよという通知があり、それに従って、運動が萎縮したように思いました。そもそも政治的中立はなんぞや、階級社会の中であり得るのかという疑問にぶつかります。もともと、政治的立場の違いを超えて、運動を発展させる原則と理解していますが、一方で要求実現運動の壁となることもしばしば経験します。この原則は、発展の側面と阻害する側面を持ち合わせていると言わざるを得ません。

この阻害の呪縛《じゅばく》を乗り越える新たな運動の展開が求められていると思います。特に、医療・福祉など国の政策と直結して、影響を受ける医療福祉生協では、より掘り下げた検討が必要かと思います。特に、専従職員には、その意識がなければ、発展は望めないのではないか、とさえ感じています。

小松　医療福祉生協の実情には疎《うと》いのですが、一般論として私も、「政治的中立の原則」には疑問を持っています。少なくとも、抑圧される側、搾取《さくしゅ》される側、貧困にあえぐ人びとがその克服に立ち上がるとき、政治的に中立であることを意識するでしょうか。まったく意識しないはずです。それを求めてくるのは、体制側、権力側です。それに従えば、運動が萎縮《いしゅく》し、頓挫《とんざ》するのは当然です。相手は運動を抑えんがために言ってくるわけですから。思想信条が異なる方々の集まりを前提としたとき、一党一派を押しつけるのは問題ですが、運動において中立の原則を過度に意識する必要はないと思います。

未来社会と協同組合

K氏は、「最後に、未来社会における協同組合の果たす役割、あるいはもう少し直近の未来社会を目指す過程における協同組合の役割についてです。協同組合は将来どうなるんだろうかという関心は、未来社会とどう繋がっていくのか、という問いでもあります。この探究は私の人生最後の生きがいとご理解ください」として、手紙を結んでいます。

この問いは、協同組合の研究に関わる者の多くが意識している、しかし明確な回答が見出し得ていない問いでしょう。

K氏からいただいた、大きく重たい宿題の答えを見つけるために、これからも眼力を磨く決意をした次第です。

「地方の眼力」なめんなよ

（2022・8・3）

世論調査が伝える民意

毎日新聞（7月16日付）の「首相日々」によれば、15日の午後6時31分から、東京・日比谷公園のフランス料理店「日比谷パレス」。山田孝男毎日新聞特別編集委員、小田尚《おだたかし》読売新聞東京本社調査研究本部客員研究員、芹川洋一《せりかわよういち》日本経済新聞社論説フェロー、島田敏男《しまだとしお》NHK放送文化研究所研究主幹、粕谷賢之《かすやたかゆき》日本テレビ取締役常務執行役員、政治ジャーナリストの田崎《たざき》史《し》郎《ろう》氏と会食。

昨夜、アベちゃんと飲んできた

拙稿「国民の総意は地方紙にこそあらわれる」も加えて編まれた『地方紙の眼力』（農山漁村文化協会、２０１７年）を謹呈した方からいただいた礼状（２０１７年5月31日消印）に、興味深いことが記されていた。

――「地方紙の眼力」有難うございました。まったくのところ、日本の大手マスコミは、国内向けにも海外にも大誤報を、発信し続けているのかもしれません。批判がなく、ただ単なる発表ジャーナリズムになっている。だから「読売新聞を熟読せよ」などという大宰相《だいさいしょう》が登場するのだと思います。

毎日新聞に山田孝男なるエライさんがいて、2年前ぐらいだったか、私の取材に来て、冒頭「昨夜、アベちゃんと飲んできた」というので「アベちゃんって誰ですか?」と聞いたら総理でした。「どこで?」「椿山荘《ちんざんそう》で」「総理の会費はいくら」「ま、2万円ぐらい」「誰が払うの」「もちろん、こっちですよ」。

第二次安倍内閣が誕生してから、首相はマスコミの社長らと椿山荘で毎晩、会食をしたのだそうです。山田孝男さんは毎日新聞の社長のお伴で同席したということでした。

その後、何かで見たところによると、安倍ちゃんのお仲間の中に山田孝男の名がありました。

首都圏の新聞と地方紙の一番の違いは、そういうことではないでしょうか。首相のたびたびの外遊に同行すれば、批判的な記事は書けないでしょうし、目線が首相と同じとはいわないまでも、大衆、読者からは離れていく。その典型が農政で、安倍農政を批判しているマスコミはないと私は思っています。赤旗は読んでいませんので知りませんが。――

岸田首相も安倍氏の教えを踏襲し、大手マスコミを食い散らかそうとしている。お腹を痛めぬよう、整腸戦略をお忘れなく。

国民の過半数が反対する国葬

『農ある世界と地方の眼力5』を出版するために、2021年度分の当コラムを再読している。やはり、安倍晋三元首相のしてきたことは、農政だけを取り上げても、到底国葬に値するものではないことを確認した。死に方がいかなるものであろうと、それとこれとは、まったく別の話。ましてそれ以外にも未解明案件多数で、この国の「民主主義」を、これでもか、これでもかと蹂躙《じゅうりん》した方。「国葬」を提案する連中の気が知れない。未亡人はじめ遺族は、「そ～っとしといて」と、叫び出したいはず。常識があればの話だが。

東京新聞（8月2日付）は、共同通信社が7月30、31両日に実施した全国電話世論調査（対象有権者2386人、回答者1050人）の詳報を伝えている。（強調文字は小松）

国葬に関する回答結果の概要は次の2項目。

（1）安倍氏の国葬（全額国費負担）については、「賛成」17・9％、「どちらかといえば賛成」27・2％、「どちらかといえば反対」23・5％、「反対」29・8％。大別すれば、「賛成」45・1％、**「反対」53・3％**。

（2）国葬に関する国会審議については、**「必要だ」61・9％**、「必要だとは思わない」36・0％。

この数字を見れば、茂木自民党幹事長にも、「国民から国葬をすることについて、いかがなものかという指摘がある」ことがおわかりいただけるはず。まだ、認識できないとすれば、別の意味で問題ですね。

長崎新聞社が7月25、26両日に実施したアンケート調査結果（回答者1040人）は、もっと刺激的だ。4択で、**「反対」63・8％**、「どちらかというと反対」11・8％、「賛成」15・7％、「どちらかというと賛成」5・6％。大別すれば、**「反対」75・6％**、「賛成」21・3％。圧倒的に反対多数。

反対の理由としては、森友、加計両学園、桜を見る会の問題について「（安倍氏や政府の）虚偽答弁や不誠実な対応は国民に大きな政治不信を招いた」といった批判が多かった。憲法解釈変更による集団的自衛権行使の一部容認などは「国会で議論を尽くしたとは言えない。強引な政権運営は民主主義を軽んじた」との指摘も。安倍氏銃撃事件をきっかけに浮上した宗教団体「世界平和統一家庭連合（旧統一教会）」と政治家の関係への疑念もあったこと、等々が紹介されている。

この旧統一教会問題と政界の関わりについては、共同通信社の世論調査でも問われている。結果は、**「実態解明の必要がある」80・6％**、「実態解明の必要はない」16・8％。多くの国民が実態解明を求めていることが推察される。

「民主主義を断固として守り抜く」気があるなら、民意を尊重し、国葬は無し。岸田首相、どこか間違っていますか。

外交努力と憲法順守

2月27日のフジテレビ番組で、ロシアのウクライナ侵攻に関連して安倍氏が、北大西洋条約機構（ＮＡＴＯ）加盟国の一部が採用している、米国の核兵器を自国領土内に配備して共同運用する「核共有」政策について、日本でも議論すべきだとの考えを示し、多くの波紋を呼んだ。

東京新聞（8月2日付）は、日本世論調査会が実施した平和世論調査（6月14日から7月25日に実施、対象有権者３０００人、有効回答者１７６８人）の詳報も伝えている。

まず「核共有」の議論を進めることについては、「進めるべきだ」20％、「進めるべきではない」56％、「分からない」23％。

「非核三原則（核兵器を持たず、つくらず、持ち込ませず）」については、「堅持するべきだ」75％、「堅持する必要はない」24％。

「専守防衛（相手から攻撃を受けて初めて反撃する。自衛のための必要最小限の装備を保有）」については、「維持するべきだ」60％、「見直すべきだ」39％。

「敵基地攻撃能力（相手国のミサイル基地を攻撃する能力）」を持つことについては、「賛成」36％、「反対」33％、「分からない」30％。

これらから、国民の多くは好戦的ではないことが分かる。

そのことがより明確に出ているのが、「戦争回避のために最も重要なこと」についての回答である。「平和に向け日本が外交に力を注ぐ」の32％が最も多く、これに「戦争放棄を掲げた日本国憲法を順守する」の24％が続いている。外交努力と憲法順守を合わせると56％。これが民意の核心部分。3番目に「軍備を大幅に増強し他国からの侵攻を防ぐ」の15％が続いていることを念頭に置き、平和憲法の順守と国際平和に向けた外交努力に注力する。これが、唯一の戦争被爆国の使命である。

「地方の眼力」なめんなよ

（2022・8・10）

国境は誰が守るのか

「人間は愚かだよ。まだ戦争を続けている。一日でも長引けば人が死ぬ。死ぬのは偉いやつじゃない。下っ端の人間や女性、子ども、年寄りだ」と語るのは、空襲体験のある俳優、毒蝮三太夫《どくまむしさんだゆう》氏（西日本新聞8月9日付）。

戦争はひきょうな殺人

毒蝮氏は、1945年5月24日未明、空襲で逃げ惑い、九死に一生を得る。

「翌朝、焼け跡に子どもの革靴が落ちていた。拾うと、変に重い。片方に足首から先が入っていた。何も感じずに取り出して脇に置き、靴を履いた。爆風で飛ばされたであろうその子のことを考えたのは後になってから。極限状態で人間は狂う。（中略）戦争はひきょうな殺人。俺たちの世代でもうたくさんだ。戦争体験者は減っている。元気なうちは、いろいろなところで伝えたいと思っている」と語る。

ペロシ様ご一行の迷惑千万な置き土産

米国のナンシー・ペロシ連邦下院議長は7月31日、下院の民主党議員団を率いて、インド太平洋地域に位置するシンガポール、マレーシア、韓国、日本を訪問すると発表した。この時点で、歴訪スケジュールに、台湾は含まれていなかった。

しかし、8月2日夜、ペロシ様ご一行台湾到着。翌3日には台湾の蔡英文《さいえいぶん》総統と会談し、「台湾の自由を守る米議会の決意を示した」との声明を出した。その後、韓国、日本を訪問した。

警告通り、中国軍は黙っていなかった。日本時間の4日午後1時から台湾周辺で軍事演習を開始した。

「米軍が裏書きしない訪問の結果、中国は台湾周辺で思う存分に軍事演習を行い、中台の暗黙の了解だった中間線の効力をぐっと弱めるのに成功した。台湾の蔡英文政権にとっては、実のところありがた迷惑だろう。今後は中間線が形骸化し、経済封鎖も考慮せざるを得なくなる」と記すのは、古賀攻《こがこう》氏（毎日新聞専門編集委員、同紙8月10日付）。

「米軍の軍事的圧力を背負って行くのならまだしも、火をつけただけでしょ。中国は今回、明らかに沖縄の先島諸島を射程に入れた訓練をしていた」という、小野寺五典《おのでらいつのり》元防衛相の冷ややかなコメントも紹介し、「ペロシ訪台と中国による威嚇は、まだ残っていた心理的なバリアーを取り除いてしまった感がある。危機に備えるのは大切だが、双方の警戒心が過度にエスカレートしていくとどうなるかは昭和の戦争が教える。きな臭さに慣れてはいけない夏だ」と警告を発する。

沖縄二紙は訴える

「なぜ、この時期なのか。理解に苦しむ。アジア歴訪中のペロシ米下院議長が台湾を訪問し、蔡英文総統と会談した。中国は猛反発し米中対立がさらに深まるのは避けられない。ペロシ氏の訪台は不用意に軍事的な緊張を高めた。偶発的な軍事衝突が起きれば、台湾と近接する沖縄も巻き込まれかねない。これ以上緊張を高めないため、米中両国に自制と対話を求める。日本政府も緊張緩和に向け外交的に働き掛けてもらいたい」と訴え、「波風を立てることを承知で訪台したのであれば、外交に値しない」と手厳しいのは、琉球新報（8月4日付）の社説。

「沖縄にとって台湾問題は人ごとではない」とする、骨身にしみた出来事を紹介する。

（1）1955年の台湾沖紛争を契機に米海兵隊が、山梨や静岡などから沖縄に移駐。それに伴い、土地が強制接収され「島ぐるみ闘争」に発展。

（2）中国と台湾が武力衝突した58年の台湾海峡危機の際、米国政府は中国本土への核攻撃を検討。米軍幹部は、そうなった場合、核攻撃を含む報復は「ほぼ確実」とし、対象に沖縄も含まれる可能性があると認識していた。

（3）日米は今年1月、南西諸島の自衛隊強化と日米の施設共同使用増加を発表。台湾有事を想定した自衛隊と米軍の共同作戦は、初動段階で米海兵隊が南西諸島に臨時の攻撃用軍事拠点を置く。軍事拠点の大半が有人島。

これらから、「有事となれば沖縄が真っ先に狙われ、住民が戦闘に巻き込まれる危険性が高まる。県民の4人に1人が犠牲になった沖縄戦の再来は決して認められない」と訴え、「米中首脳同士の対面による会談」の早急な実現を求めている。

沖縄タイムス（8月7日付）の社説も、「台湾に近い沖縄県にとっては、看過できない深刻な事態だ」と危機感をあらわにする。

「『台湾を孤立させない』というペロシ氏の強烈なメッセージは、中国による武力統一を警戒する台湾の人々を勇気づけたかもしれない。その一方で、東アジアの軍事緊張を著しく高め、米中関係や日中関係を悪化させたことも確かだ」とし、「ロシアによるウクライナ侵攻で、『武力による威嚇』や『武力の行使』に踏み出す心理的な垣根が低くなってきているのではないか」と、懸念する。

中国の軍備増強が著しい今ほど、「緊張緩和に向けた外交努力」が必要な時はないとし、「防衛力の強化だけでは、危機は回避できない」とする。

説得力ある島人の言葉

中国軍の演習区域の1カ所から60キロほどのところに位置するのが沖縄県の与那国島《よなぐにじま》。日本最西端にあるこの島から、興味深い島人《しまんちゅ》の声を届けたのはNHK「おはよう日本」（8月7日朝7時台）。

高校、大学進学後、30年ほど前に島に戻った大嵩長史《おおたけのぶふみ》氏（泡盛工場の工場長）は、万が一に備えることを意識しつつも、「島で人が暮らしていることの重要性」を強調する。

氏が帰島した30年ほど前には、国のいろいろな機関などがあったが、今はすべて撤退し、人口は微減傾向にある。「『町がある』のと『島がある』のとでは違う。なるべく島に人がいる、減らないことです」との思いから、「島を活気づけることが国境を守ることにもつながる」と考え、観光協会の活動にも力を入れている。

「相手の国に通用するかわからないが、『そこに人がたくさん住んでいる』とだけでもしていかないといけない。より多くの人が来られるように、住めるように、魅力ある島にしたい」と願い、「ここに人を増やして、活気があることによって、日本の中のひとつの領土というか、与那国島があるんだという意識付け、位置付けにもなるんだと思います」と、誠実に語る。

この言葉を聞いたとき、数年前まで『食料・農業・農村白書』に載っていた、「農業・森林・水産業の多面的機能」の図を思いだした。日本学術会議答申を踏まえて作成されたこの図の中には、「国境監視機能」も付置されている。

取材した記者は、「多くの人が島に暮らし、観光客が増えて賑わうことが国境を支えることに繋がると理解してほしい」という大嵩氏の言葉に説得力があることを強調した。まったく同感。

「地方の眼力」なめんなよ

（2022・8・24）

差別容認・助長内閣とJA女性組織

「すごい下がり方だ。心臓が止まりそうだった」「これだけ、旧統一教会問題でたたかれれば下がるのは当然だ」「参院選を勝利したのに、これほど落ちるとは」「どこまで政権を維持できるかどうかに焦点が移りつつある」等々、語るのは自民党の議員たち。（毎日新聞8月23日付）

強まる「統一教会内閣」批判

冒頭の発言は、毎日新聞と社会調査研究センターによる世論調査（8月20、21日実施。有効回答数965）で、岸田文雄内閣の支持率が前回調査から16ポイント下落し、内閣発足以降最低の36％を記録したことを受けてのもの。

この調査は、国民の政権運営に関する否定的感情が強まっていることを示唆している。

注目すべき調査結果は次の5点。（強調文字は小松）。

（1）岸田内閣を支持するかについては、**「支持する」36％**、「支持しない」54％。

（2）8月10日の内閣改造と自民党役員人事については、「評価する」19％、**「評価しない」68％**、「関心がない」13％。

（3）自民党と旧統一協会の関係に問題があったと思うかは、**「極めて問題があったと思う」64％**、「ある程度問題があったと思う」23％、「それほど問題があったとは思わない」7％、「全く問題があったとは思わない」4％。大別すれば、**「問題あり」87％**、「問題なし」11％。

（4）政治家は旧統一協会との関係を絶つべきかについては、**「関係を絶つべきだ」86％**、「関係を絶つ必要はない」7％。

（5）安倍晋三元首相の国葬については、「賛成」30％、**「反対」53％**、「どちらとも言えない」17％。

松野博一官房長官は、岸田文雄内閣の支持率急落について「世論調査の数字に一喜一憂はしない」と冷静を装っている。しかし、「統一教会内閣」と揶揄《やゆ》されるほど、旧統一教会汚染の広さと深さを改めて晒《さら》した内閣改造と自民党役員人事、加えて汚染に最も関与していた故安倍氏の「国葬」問題に対する反対世論の強まりを突きつけられ、かなり追い込まれているはず。

別称かつ蔑称「差別容認・助長内閣」

改造内閣は、簗和生《やなかずお》文部科学副大臣と杉田水脈《すぎたみお》総務政務官の起用によって「差別容認・助長内閣」とも呼ばれている。

東京新聞（8月19日付）を参考に、ふたりのおもな言動をおさらいする。

簗氏は2021年5月に自民党の会合で、性的少数者を「生物学上、種の保存に背く（存在）」とする内容の発言をした。

杉田氏はこのレベルではない。2014年10月の衆院内閣委員会で「私は、女性差別というのは存在していないと思うんです」、同年同月の衆院本会議で「男女平等は、絶対に実現し得ない、反道徳の妄想です」と発言。「新潮45」（2018年8月号）に「LGBTだからといって、実際そんなに差別されているものでしょうか」「彼ら彼女らは子供を作らない、つまり『生産性』がない」と寄稿。2020年9月の自民党の会合で「女性はいくらでもうそをつけますから」と発言。

問われる岸田首相の見識や任命責任

毎日新聞（8月17日付夕刊）で、与良正男《よらまさお》氏（同紙専門編集委員）は、杉田氏の起用を知り「一瞬、耳を疑った」そうだ。そして、「杉田氏のような考え方は、これまでも自民党の一部にはあった。しかし、党全体としては一定の節度があり、これほど公然とは語られてこなかったと思う。それが一転して、安倍政権下で大手を振って表舞台に登場してきたことに驚がくした」とのこと。

そこには、安倍氏の「おごり」と「リベラル派を激しく攻撃する先兵として杉田氏を利用する計算もあった」と推論する。

さらに、就任会見で「過去に多様性を否定したことも差別したこともない。岸田政権が目指す方向性と何一つずれている部分はない」と言い切ったことにも驚き、「この政権が節度を取り戻せるとは到底、思えない」とサジを投げている。

杉田氏は衆院比例代表中国ブロック選出であるが、中国新聞（8月23日付）の社説も、「社会人としての資質さえ疑われる人をなぜ、内閣の一員にする必要があったのか。岸田文雄首相の掲げる『多様性を尊重する社会』にも逆行している。（中略）性的指向や性自認にかかわらず、誰もが人間として尊重されなければならない。それを否定するのは、ヘイトスピーチ（憎悪表現）と変わらない」と容赦ない。

さらに与良氏が指摘した、就任記者会見での発言を「白々しい」と断じ、差別意識や反省の乏しさを指弾する。そして、「もはや、差別容認発言をした議員個人の問題ではなくなっている。問われているのは、岸田首相の見識や任命責任だ。今すぐやめさせるべきである」と、とどめを刺す。

これで良いのか！ＪＡ女性組織

「あまりにも差別に鈍感な政権と言うほかない」と慨嘆するのは、看護師の宮子《みやこ》あずさ氏（東京新聞8月22日付の「本音のコラム」）。氏は、日本看護連盟の組織内候補者として立候補し、比例で当選した自民党議員4名に対し「差別を容認するような人事について、どのように考えているのか、是非声をあげてもらいたい」と訴える。

なぜなら、看護職の倫理綱領には、〈すべての人々が性的指向、性自認などによって制約を受けることなく、到達可能な最高水準の健康を享受する権利〉への貢献を求める内容があるからだ。

そう言えば、ＪＡ女性組織綱領は、男女共同参画社会の実現に向けて「一．わたしたちは、力を合わせて、女性の権利を守り、社会的・経済的地位の向上を図ります」と高らかに謳《うた》っている。

改めて言うまでもないが、JAグループは自民党を支持し、ふたりの国会議員を送り出している。さらにその政治組織である全国農業者農政運動組織連盟（全国農政連）は、国政選挙時に自民党候補者を中心に多数を推薦している。当然のごとく、JA女性組織も推薦された候補者の当選を目指して動いている。ただし、JA女性組織5原則には、「組織としては一党一派に属さず、政治的には中立」の立場をとることが明示されている。

だとするならば、杉田氏のような確信犯的差別容認・助長議員の政務官起用や、そもそものような人を候補者とする政党への支持について、JA女性綱領や組織5原則に恥ずかしくない毅然《きぜん》とした姿勢を示すべきである。

それができない限り、農ある世界にとって、男女共同参画やジェンダー平等は夢のまた夢。

「地方の眼力」なめんなよ

（2022・8・31）

後遺症に悩み苦しむ被災地

「泥じゃなく人を見ろ」「ごみじゃない。そこに生活や思い出がある」「災害の大小、人の多い少ないは関係ない」「『作業』や『数』で片付けない」等々は、宮城県大崎市社会福祉協議会古川支所長で災害ボランティアセンター責任者の加藤大介《かとうだいすけ》氏の言葉（河北新報8月29日付）。

何が「アンダーコントロール」だ

政府は8月30日、東京電力福島第一原発事故に伴う帰還困難区域のうち、双葉町の特定復興再生拠点区域（復興拠点）の避難指示を解除した。原発事故から11年5カ月を経て、県内で唯一全町避難が続いていた町で居住が可能になり、すべての自治体で住民が暮らせるようになった。

「今後は住民帰還や移住・定住の促進に向けた施策が求められる」とする福島民報（8月30日付）は、「避難生活の長期化により、意向調査で帰還を考えている人は約1割にとどまる。準備宿泊の登録者数は7月末時点で延べ52世帯85人、避難指示解除まで継続的に登録したのは8世帯13人だけだ。町民のつながりをどう保つかが課題になっている」ことや、「復興拠点外には7月末時点で２０００人が住民登録している。政府は２０２０年代の希望者の帰還を目指しているが、住民から全域除染を強く求める声が上がる。町は今後も全域除染と解除に向けた具体的な施策の明示などを国に求めていく」ことを報じている。

冒頭の河北新報は、福島県大熊町で28日から2日間の日程で、東京電力福島第1原発の廃炉について考える国際フォーラムが始まったことを伝えている。

初日に、主催した原子力損害賠償・廃炉等支援機構（ＮＤＦ）の理事長が廃炉の展望などを説明した。これに対して大熊町からの参加者は、「廃炉で出た核のごみをどう処分するのか聞きたい。明確な説明がない現状では、子どもに『町に戻ってきて』と言えない」と訴えている。

パネルディスカッションでは、「処理水放出前に海水で薄めても放射性物質の総量は変わらないのでは」など、登壇した住民から東電や経済産業省、原子力規制庁に疑問が投げかけられたとのこと。

どこをどう見たら「アンダーコントロール」と言えるのか、地獄に向かって問い続けねばならない。

岩手県大槌町に学ぶ大学生

大熊町の記事と並んで、8月28日岩手県大槌町《おおつちちょう》で行われた、東日本大震災の被災地で学び合い、発見したことを伝えようと5つの大学のゼミが合同で実施した「大槌リサーチプロジェクト」の成果報告会の記事が載っている。

岩手県立大、東北公益文化大、福知山公立大、京都産業大、神戸大の学生は、混成された4班に分かれて4月からオンラインミーティングで調査テーマを決め、事前学習を進め、26、27日には聞き取り調査などを行った。報告会には、協力した地元関係者らを招いた。発表テーマは「災害伝承とまちづくり」「三陸鉄道と地域活性化」「ジビエと地域資源活用」「漁業と関係人口づくり」。

「ネットでの情報収集とは全く違う直接会った人の言葉の力を学生は強く感じたはず」と語るのは役重真喜子《やくしげまきこ》氏（岩手大准教授）。

失われた地力と地域のコミュニティ

筆者は、同28日、仙台市若林区で行われた「被災地から日本農業の再生と食料主権を訴えるシンポジウム」にシンポジストとして出席した。

その前日には、仙台市の沿岸部にある若林区荒浜《あらはま》地区へ。震災当時、約740世帯2000人以上が暮らしていたが、そこを大津波が襲い、当日周辺にいた人を含む186人が亡くなった。

震災から数カ月、仙台市は荒浜地区を含む沿岸部1213ヘクタールを住宅の新・増築ができない「災害危険区域」に指定した。

震災時に、児童や教職員、住民ら320人が避難し、2階まで津波が押し寄せた荒浜小学校は、震災遺構として公開され、津波の脅威や教訓を後世に伝えている。4階展示室で上映されている「3・11荒浜の記憶」を観て、すべてを奪い去った津波の恐ろしさに改めて言葉を失った。

シンポジウムでは、同地区において約90ヘクタールの経営規模で、米、麦、大豆を中心とした大規模農業を営む「農事組合法人せんだいあらはま」の代表理事松木長男《まつきたけお》氏が、大規模農業経営が直面する問題点を語った。要点は次のように整理される。

（1）年商1億円だが経費9000万円。残る1000万円は機械更新のための積み立て。

（2）津波で表土がなくなったため、地力の低下が著しい。有機肥料を投入したいが近隣に畜産農家はなく、遠距離から運べば高コスト。化学肥料に頼らざるを得ないが、化学肥料の効果は1年で、かつ価格が高騰しており経営を圧迫している。

（3）今でも瓦礫《がれき》が出てくるので大型機械の消耗劣化が早くて激しい。近年、年200万円ほどの修繕費用が発生している。

（4）震災以前の小規模経営の時には、細やかな管理ができた。自作地の横を通る道路の法面《のりめん》に生える雑草なども、ボランティアで刈っていた。しかし大規模の農地を抱えると、そのような無償行為はとてもできない。しかし、行政は、小規模農家が黙ってやっていたことを、大規模になってもできるものと思っているようだ。景観の悪化とともに、病害虫の住処《すみか》ともなるので、けじめのある行政対応を求めている。

（5）地主が耕作地周辺にいなくなった状況で、どれだけ地域の農業を我がこととして支えてもらえるのか不安である。法人の後継者も荒浜地区外の人になる可能性大。いかに後継者を集め、育てていくか、大きな課題である。

この他にも町内会の運営に腐心されている方々から、津波が奪い去った地域のコミュニティを復活させるための取り組みや、伝統文化を伝承するための活動などの必要性と、そのために必要な行政の支援や制度改正などについて多くの意見が出された。

震災を風化させる気か「食料・農業・農村白書」

『令和3年度 食料・農業・農村白書』の「第4章　災害からの復旧・復興や防災・減災、国土強靱化等」の第1節は「東日本大震災からの復旧・復興」を取り上げている。復旧・復興の状況に対する、農水省の認識を次に示す3つの見出しが端的に示している。

（営農再開が可能な農地は95％に）（地震・津波からの農地の復旧に併せた圃場《ほじょう》の大区画化の取組が拡大）（先端的農業技術の現地実証研究と研究成果の情報発信等を実施）

現場知らずの魂の籠もらぬ文字の羅列。これじゃ、風化を促進させるだけ。被災地が後遺症の苦悩から解放される日は遠い。

「地方の眼力」なめんなよ

（2022・9・7）

子どもの貧困は許さない

現在放送中のNHK夜ドラ『あなたのブツが、ここに』は実に面白い。

宅配ドライバーを通して描くコロナ禍

このドラマは、コロナ禍でキャバクラ勤めを失職したバツイチ・シングルマザーの主人公が、宅配ドライバーへと転職し、さまざまな問題にぶち当たりながら、たくましく生きていく姿を、多様な人間模様を絡ませて描く奮闘記。例えば、9月5、6日の放送は、かつての主人公と同様の仕事に就く母親に、養育放棄された不登校の女子中学生の話。「宅配ドライバーが子育てに口出すな」と言う母親と主人公のやり取りは見応えあり。

「令和3年子供の生活状況調査の分析報告書」の概要

内閣府は、「令和2年度 子供の生活状況調査」を実施した。調査期間は2021（令和3）年2月12日から3月8日で、全国の中学2年生及びその保護者5000組が対象（有効回収数は2715組）。

分析に当たっては、調査対象世帯をその年収水準によって次の3層に分け、「経済資本」の違いを示している。

・「その他層」は、非貧困層ともいえる層で、等価世帯収入の中央値である317・54万円以上。全体の50・2％。

・「貧困層」は、等価世帯収入の中央値の2分の1（158・77万円）未満。全体の12・9％。

・「準貧困層」は、「その他層」と「貧困層」の間に位置し、全体の36・9％。

そして、この経済資本格差が「人的資本（成績など）」「文化資本（生活習慣など）」「社会関係資本（相談相手など）」の獲得に及ぼす影響に注目する。

4つのメッセージと3つの支援

この調査結果を取りまとめた「令和3年子供の生活状況調査の分析報告書」で、小林盾《こばやしじゅん》氏（成蹊大学教授）は極めて興味深い総括をしている。その概要を次のように整理する。

〈分析結果が伝える4つのメッセージ〉

（1）保護者の経済状況や婚姻状況によって、子供は学習・生活・心理面など広い範囲で深刻な影響を受ける。特に、もっとも収入水準の低い貧困層やひとり親世帯が、親子ともに多くの困難に直面している。たとえば、貧困層はその他層と比べると、成績の低い子供が2・0倍、授業で分からないことのある子供が3・3倍、学校以外で勉強しない子供が4・7倍多いが、大学進学希望者は0・4倍、生活に満足している子供は0・8倍に減った。

（2）保護者が経済的に困窮していたり、ひとり親であると、子供が人的資本、文化資本、社会関係資本を獲得するチャンスが低下する。その結果、子供も大人になったときに、十分な地位達成ができず、貧困に陥る可能性が高まる。このように、貧困の連鎖のリスクがエビデンスによって裏付けられた。

（3）こうした影響や連鎖リスクは、貧困層だけでなく、中低位の収入水準である「準貧困層」にも無視できないほど現れる。

（4）新型コロナウイルス感染症の影響を受け、こうした世帯での生活状況がさらに厳しくなっている可能性がある。

〈求められる3つの支援〉

（1）困窮世帯やひとり親世帯など、親（広くは保護者）に課題がある場合、学習・生活・心理面など多様な範囲で子供への支援が必要である。とりわけ貧困の連鎖を媒介する人的資本、文化資本、社会関係資本について、獲得チャンスが低下しないようにする。

（2）より根本的な解決のためには、保護者の経済状況を改善することが、求められる。困窮世帯やひとり親世帯に対して、保護者への就労支援が不可欠である。場合によっては保護者の心理面へのケアや、さらなる教育を身につけられるよう、教育支援も求められているかもしれない。

（３）貧困層だけでなく、準貧困層もターゲットにした、グラデーションのある支援が必要である。

小林氏は支援策の最後を、「子供の貧困はけっして許さない――こうした強い信念を持って政策を策定していくことが、大人も子供も幸せで、ほんとうに豊かな社会を実現するために今求められているはずである」と、力強く締めくくっている。

「子どもの貧困問題」は沖縄知事選でもひとつの争点

「コロナ禍は子育て環境に大きな影響を及ぼしている。実態を把握し、適切な支援策を講じることが求められる」で始まるのは、沖縄タイムス（8月30日付）の社説。「多くの保護者が職を失ったり、収入減を余儀なくされた」ことを背景に、「小中学生がいる世帯を対象とした２０２１年度の県調査では、15年度以降初めて困窮世帯の割合が増え28・9％となった。前回18年度調査から3・9ポイント悪化した」とする。

さらに、「中学2年生がいる世帯のうち、コロナ前と比べて収入が『減った』とする割合は42・8％で、全国の32・5％に比べて10・3ポイント高かった。親の経済不安は子どもの生活不安に直結している。コロナ禍の影響で『食事を抜く回数が増えた』と回答した生徒は13・3％と、全国5・5％の2倍以上。『学校の授業が分からないことが増えた』のは39・1％で、全国26・4％より12・7ポイント高かった」ことを指摘し、「子育て世帯のダメージは他県に比べても深刻だ」と危機感を募らせる。

その背景として、「1人当たり県民所得の低さなど、復帰50年たっても変わらぬ経済の脆弱性《ぜいじゃくせい》」をあげる。ゆえに、「子どもの健全な育ちの保障は社会の責務であることを考えれば、就学前からの切れ目のない支援策が必要だ」と訴える。

そして、知事選の立候補者がそれぞれ子育てや教育施策を掲げているが、その財源の捻出方法についても具体的に示すことを求めている。

琉球新報（9月5日付）の社説は、「県民が求めるのは教育費への集中的な支援である。3氏には、従来にない発想で貧困を断ち切る施策を展開してもらいたい」と訴え、「資源の乏しい沖縄で、未来へ希望を託せるのは人材である。本年度から始まった第6次沖縄振興計画で重視する『ソフトパワー』の育成にもつながる。教育を含めた子ども予算を倍増するなど大胆な発想を新知事に求める」とする。

さらに、「子どもの貧困は親の貧困でもあるといわれる。経済的な事情により、子どもから進学や就学の機会が奪われることがあってはならない。そのためにも子育て世代が安心できる就労環境を整備しなければならない。非正規から正規雇用への転換、全国最下位とされる県民所得の向上など構造的な課題にも切り込む施策が求められる」とする。

「子どもの貧困問題」は日本中の問題。この問題の解消なくして、豊かな社会は築けない。

「地方の眼力」なめんなよ

（2022・9・14）

生産者を見殺しにするな

「牛乳が飲めなくなる?!　日本の酪農が危機」というタイトルで、栃木県那須町の牧場からの中継を交え、苦境に立つ酪農経営の実情を放送したのは9月9日のNHK「おはよう日本」（7時台）。

10円／kgの値上げじゃ生活できない酪農家

牧場の三代目遠藤拓志《えんどうたくし》氏は、飼料代、電気代、燃料費代などあらゆる生産コストが高騰している中での酪農経営について、「今まで20年酪農をしてきて、経験したことないほど大変です。本当に……」と、厳しい経営状況を語る。7割以上を輸入に依存している飼料代の値上がりが痛い。とりわけ配合飼料は20年前の2倍にもなっている。

他方、この間、店頭で売られている牛乳小売価格はほぼ横ばい。経営が悪化するのは誰の目にも明らか。関東地方の生産者団体は生乳1kg当たりの生産費が25円以上上昇しているとして、今夏、乳業メーカーに生乳取引価格の値上げ交渉を行った。

結果は、「令和4年11月1日から10円／kgの値上げ」だった。「もうガッカリでした。全然足りない。10円の値上げじゃ生活できないですよ」とは遠藤氏。交渉に当たった関東生乳販売農協連合会の担当者によれば、メーカー側は値上げによって消費が減ることへの懸念を繰り返し、「これ以上、いたずらに交渉を重ねても、残念ながら11円、12円にはしない」と最後通告。苦渋の決断で、10円値上げでの手打ちとなった。

経営継承に赤信号

遠藤氏を襲うもう一つの難問があった。国はこれまでさまざまなインセンティブを提示して生乳の増産を奨励してきた。遠藤家も3代続いた経営を次代につなげるため、3年前に1億円以上の借り入れなどで牛舎を更新した。しかし、資金返済の見通しは立たない。

同様の悩みを多くの酪農家が抱えている。氏の酪農仲間もその窮状《きゅうじょう》を語っている。

「今月で言えば、うちももう赤字に転落。100万円、200万円足りない月が出てきたときどうしようか……」

「今やめるのも、ひとつの良いタイミングなのかなと思う。しかし実際やめられるかと言えば、やめられない。すでに借金はあるし、それをどう返していくのか。会社勤めで返していける額でもない。来春までにどういう風になっているのか、本当にわからない……」

コストアップに追い詰められている酪農家が、手をこまねいているわけではない。できるだけ安価な飼料の購入や自給飼料の生産拡大等々、打てる手は打ち終わっている。

「今どういうことを求められていますか」とキャスターに問われて、「消費者には価格が上がって大変だとは思いますが、酪農家のためだと思って牛乳とか乳製品をたくさん消費してください」と、遠藤氏は気丈《きじょう》に語った。

不可欠な国の支援

JAcom&農業協同組合新聞（7月21日付）は、交渉に当たった関東生乳販売農協連合会が「中長期的な施策も必要だが、まず酪農家が生き延びられる対策が必要だ」として、配合飼料価格安定制度の異常補てん金基金の国から積み増しのほか、価格が高騰しても補てんの対象にならない輸入乾牧草への支援の必要性を訴えるなど、乳価引き上げで補えない部分は国の支援を求めていくことを報じている。

そして9月12日、明治は牛乳やヨーグルトなど115品について、11月1日出荷・受注分から順次値上げすることを発表した。「コスト上昇を吸収すべくさまざまな対策を講じてきたが、現状の価格による販売継続が難しい状況となった」と説明。

ほかの乳業メーカーが、明治に追随して値上げに踏みきるのは時間の問題である。

価格転嫁の必要性が強調されてはいるが

日本農業新聞（9月3日付）の論説は、「生産コストに基づいて農産物の適正な価格形成を促すフランスの『エガリム法』」を参考にして、「日本も消費者に理解を促し、適正な価格転嫁ができる環境整備が必要」としている。「このままでは農業をやめる人が続出する」との声が農家からあがる中、「適正価格で販売できる仕組みを構築しない限り、最終的に農業者にしわ寄せがいく」とする。

また、産直アプリの運営企業が実施した消費者への調査で、8割が農産物の価格上昇を「許容できる」と回答したことなどから、生産現場の窮状を発信すれば、「価格転嫁への理解が得られる可能性がある」と踏んでいる。

同紙（9月13日付）の論説も、「持続可能な稲作に向け、消費者理解を得た上で適正な価格転嫁が欠かせない」ことを強調する。さらに「米は家計に優しく、国内で自給できる数少ない品目だ。国内で安定的に生産され、いつでも購入できる。こうした環境は、国民の命を支える上で重要だ」とし、「主食の米を自給できる意義を幅広く発信し、価格転嫁への理解を促す時だ」と訴える。

糸島市の英断

「大きな打撃を受けている農業者の収入を確保した上で、買い取る米を有効に活用する」として、国の新型コロナウイルス臨時交付金を活用する形での支援を決めたのは福岡県糸島市。

西日本新聞（9月9日付）によれば、経営が圧迫されている市内の米農家を支援するため、JA糸島が在庫として抱える2021年度産米162トンを買い上げ（事業費は4139万円）、家畜飼料用として90トン、生活困窮世帯や子ども食堂などへの「支援米」として72トンを活用する方針とのこと。これによって、市は「基幹産業の農業を守り、生活困窮者などの食料確保にもつながる」としている。

支援米として活用するものは「糸島市からの贈り物」と銘打って、無洗米に加工し、市社会福祉協議会、県こども食堂ネットワーク、大学などを通じて生活困窮世帯や学生に届けることになっている。

農畜産物を対象とした価格転嫁制度の構築には、高くて多数のハードルがある。構築されたとしても、時すでに遅しの感あり。

今求められているのは、徳俵で踏ん張っている生産者の背中を支え、押し返してやる政策的支援である。言葉だけの「丁寧な説明」は無用。可及的速やかに講じなければならないのは、「生産者を見殺しにしない」という、強固な信念に基づいた支援のみ。

「地方の眼力」なめんなよ

（2022・10・5）

遠吠えの勧め

岸田文雄首相は10月4日、長男翔《しょう》太郎《たろう》氏（31、現公設秘書）を首相秘書官（政務担当）とする人事を発表した。「首相官邸内の人事の活性化と岸田事務所との連携強化のためだ」とのこと。これって、後継者売り込みのための炎上商法ですか。

家計は火の車

炎上といえば、東京新聞（10月3日付）が伝えた、日本世論調査会による「暮らしと経済」世論調査（8月9日から9月15日に実施、有効回答数1781）の結果は、家計こそが火の車状態にあることを示している。

注目すべき質問事項の概要は次の通りである。

まず、岸田政権発足前と比べた、家計の状況については、「良くなった」0％、「やや良くなった」1％、「変わらない」56％、「やや苦しくなった」31％、「苦しくなった」11％。大別すれば、「良くなった」1％、「不変」56％、「苦しくなった」42％。

政権発足わずか1年で、4割以上が「苦しくなった」ことは、事態の深刻さを物語っている。

つぎに、最近の物価高騰が生活に及ぼす打撃については、「非常に打撃」30％、「ある程度打撃」58％、「あまり打撃ではない」10％、「全く打撃ではない」1％。大別すれば、「打撃」88％、「打撃ではない」11％。この結果も事態の深刻さを裏付けている。

この物価高騰に対する、特に必要な政策（二選択可）については、最も多いのが「消費税の減税」31％、これに「賃上げ促進」30％が続いている。ガソリン、電気代・ガス代、食品などの価格抑制策、所得税や住民税の減税、そして年金支給額の引き上げも20％台となっている。

これらの対策に可及的速やかに取り組まない限り、火の車を鎮火させることはできない。

このような情況にもかかわらず、岸田政権は「貯蓄を投資に回す」ことによる資産所得倍増方針を示している。この方針については、「貯蓄を投資に回したい」17％、「貯蓄から投資に回したくない」23％、「余裕がないので投資に回せない」59％となっている。火の車の家計において、貯蓄を取り崩し、元本が保証されない投資に向かうリスク愛好家は極めてわずか。家計はギャンブルではない。この政策は、格差を拡大させる典型的な愚策である。

「口だけ危機感」と原発問題

岸田首相が、10月3日招集の臨時国会における所信表明演説で、「今、日本は、国難とも言える状況に直面しています」と述べたことに対して、「それほどまでに危機的状況なら、なぜもっと早く国会を開かなかったのか理解に苦しむ」と、「口だけ危機感」を嘆くのは、秋田魁《さきがけ》新報（10月4日付）の社説。

急激な円安対策を打ち出す気配はなく、むしろ「円安メリットを生かした経済構造の強靭化を進めます」と、プラス面に目を向ける主張を繰り広げた点にも疑問を呈している。

さらに、福島県の東日本大震災被災地復興における、帰還困難区域への住民帰還などを根拠に、直面する難局は「皆が力を合わせれば必ず乗り越えられる」と述べたことについても、「東京電力福島第1原発の廃炉作業は進まず、処理水問題も全面解決とは言い難い。住民の実感と一致しているのか疑問だ」と、ここにも疑問符を投げかけている。

福島民友新聞（10月4日付）の社説も、「復興拠点から外れた帰還困難区域の避難指示解除はいまだ実現されていない。解除された地域では人口の回復に頭を悩ませている。原発の処理水の海洋放出で風評が再燃すれば、これまでの努力が水泡に帰すのではないかという漁業者らの不安は根強い」ことをあげ、「震災、原発事故の風化が進むなか、（中略）復興の成果だけを際立たせ、肝心の課題にどのように取り組むかについて言及がなかったのは、復興の軽視だと自覚する必要がある」と手厳しい。

避けられない旧統一教会問題

「世界平和統一家庭連合（旧統一教会）への対応」を、今国会の最大の焦点にあげるのは南日本新聞（10月4日付）の社説。

「霊感商法や高額献金などが社会問題化していた教団側と自民党議員の関わりに対する国民の関心は高い。自民の『点検』は調査にはほど遠く、公表後も接点が次々と発覚している」からだ。

旧統一教会と深い関わりがあった安倍晋三元首相や、同教会との接点を認めている細田博之《ほそだひろゆき》衆院議長に関する、より踏み込んだ調査を含め、政界への旧統一教会汚染について「国会が調査機関を設置し、国民の疑念を晴らす必要がある」と訴えている。

沖縄タイムス（10月4日付）の社説も、「必要なのは旧統一教会と自民党の『ずぶずぶの関係』を徹底して洗い出すことだ」とする。そして、「看過できないのは、報道によって次から次に旧統一教会との関係が明らかになっている山際大志郎経済再生担当相の説明態度」として、「山際氏は、閣内にとどまるべきではない。首相の決断を促したい」と踏み込んでいる。

また、「防衛力の抜本的強化」の方針の下で、「沖縄の負担軽減」をどのように進めるのかと問い、「その矛盾こそ国会で取り上げ、正面から議論すべき課題である。復帰50年に沖縄の軍事要塞《ようさい》化を是認《ぜにん》し、加速させるようなことがあってはならない」とする。

「農ある世界」に光はささず

岸田氏が演説で「農ある世界」に関して言及したのは、「4　物価高・円安対応」の中における、「配合飼料の負担を10月以降も据え置く措置を講じています」「農産物の国内生産を通じた食料安全保障の確保（に取り組みます）」「農林水産物の輸出拡大（に取り組みます）」と、「6　成長のための投資と改革」の中における、「デジタル田園都市国家構想の実現に向けた取り組みを競い合う、『夏のＤ・ｉ・ｇ・ｉ田（デジデン）甲子園』を開催しました。多くの方に参加いただき、デジタル活用による地方創生に向けた期待の高まりが、感じられる大会となりました」といったところ。

日本農業新聞（10月4日付）の論説は、「農産物の国内生産を通じた食料安全保障の確保」への言及を取り上げ、「有言即実行を求める」とした。

残念ながら、農業問題や食料問題、そして地方の活性化問題について、明るい展望を見いだすことのできない演説であった。

先日、岩手県と宮城県のＪＡ中央会が共同開催した常勤理事研修会で講演した。届けられた参加者アンケートに、「新自由主義経済から脱却するにはあまりにも小規模少人数（小組織）ではないか、犬の遠吠えにすぎないような気がする」という感想があった。

講演で熱く語るのも、激辛コラムで溜飲《りゅういん》を下げるのも、「犬の遠吠え」かもしれない。しかし、「吠え」なければ、納得してくれた、諦めてくれたと判断され、ますます厳しい情況を強いられるはず。その災禍は、わが身だけではなく、未来の人びとにも及ぶことになる。だから、犬は犬でも「負け犬ではない」と奮い立ち、吠え続けねばならない。

「地方の眼力」なめんなよ

（2022・10・12）

健全なる政治は健全なる精神から

山際大志郎経済再生担当相は10月6日午前の参院本会議で、自身が7月の参院選応援の際に「政府は野党の話を聞かない」と発言したことについて「趣旨が明確に伝わらず、野党議員の皆さん方に不快な思いをさせる表現となったことはおわび申し上げる」と陳謝した。

ヤマギワ・セトギワ・○○マギワ

7月3日に青森県八戸市で行われた街頭演説における氏の発言要旨は次の通り（時事ドットコムニュース、7月5日7時7分）。

「地域でしっかり地元の皆さま方と対話ができる政治家が必要だ。当選させていただいたら○○さん（自民党候補の名）の言葉、きちんと声を吸い上げ、政策につなげていく。野党の人から来る話はわれわれ政府は何一つ聞きませんよ。だから皆さんの生活を本当に良くしようと思うなら、やはり自民党、与党の政治家を議員にしなくてはいけない。この重要性が問われているのが今回の参院選だ」

この発言の趣旨、明確に伝わっております。少なくとも、旧統一教会との関係に関する弁解に比べると、明快な日本語で語られています。ご心配なく。

ちなみに、10月8、9日に実施された全国電話世論調査（回答数1067）によれば、旧統一教会との関係が次々に判明している山際氏に、62・7％の人が大臣を「辞任すべきだ」としている。

経済再生担当大臣は重責のはず

経済再生担当大臣とは、主に成長戦略に関する政策を所管する国務大臣で、設置以来、内閣府特命担当大臣（経済財政政策担当）を兼務することが慣例となっている。経済産業省を司《つかさど》る経済産業大臣と連携し、経済面に関する舵取りという重責を担う。

前述の世論調査において、幅広い分野での値上げが「あなたの生活には、どの程度の打撃になっていますか」という問いに対して、「非常に打撃になっている」19・3％、「ある程度打撃になっている」59・5％、「あまり打撃になっていない」17・9％、「全く打撃になっていない」3・2％。大別すれば、「打撃になっている」78・8％、「打撃になっていない」21・1％。8割が打撃を感じていることに加えて、2割が大打撃を受けている点は、可及的速やかな政策対応の必要性を突き付けている。

ところが、48・3％が岸田内閣不支持とする同調査において、最多の不支持理由が「経済政策に期待が持てない」36・1％である。これに続くのが「首相に指導力がない」19・6％で、その差は16・5ポイント。経済政策に失望していることは明らかである。

生活の苦しさで血を流している国民は少なくない。再生のためには、歯の浮くような成長戦略ではなく、まずは止血戦略が求められている。だが、山際氏は経済再生よりも自分の再生に心を奪われ、冷静な判断能力を失っているはず。重責は担えない。

ムラカミはムラカミでも村神様じゃなかった

FNNプライムオンライン（10月11日11時51分）によれば、安倍元首相を「国賊」と呼んだとして、自民党が処分を含め対応を検討している村上誠一郎《むらかみせいいちろう》衆議院議員が、党幹部に対し、「国賊なんて言っていない」と伝えたそうだ。映像では、村上氏は「あんな記事になるなんて、全然予想して…」と発語している。「国賊」発言に安倍派が厳しい処分を求め、自民党は10月12日に村上氏の処分を検討する党紀委員会を開くことになっている。なお、関係者によると、村上氏は、党幹部に対し、「言っていない」と否定したそうだが、党紀委員会に提出した文書では、発言を明確に否定していないそうだ。どっちやねん。

迫る記者団に向かってエレベーターの中から手で、シッシッと、犬か猫でも追い払う氏の姿は、ただただみっともない。お前こそ、シッシッ！

緊急を要する苦境に立つ生産者、生活者支援

西日本新聞（10月11日付夕刊）で、柴山桂太氏（京都大大学院准教授）は、「このままだと、日本は本格的なインフレが到来する前に、小規模生産者が倒れていくことになりかねない。特に第1次産業の苦境は顕著である。原材料や円安はすぐには解消されないことを前提に、政府による生産者支援が求められる」と提言する。

その提言が自慢の耳にやっと届いたのか、毎日新聞（10月11日付夕刊）によれば、岸田文雄首相は10月10日、今月に策定する総合経済対策を巡り、畜産農家などへの新たな支援制度創設を盛り込むと表明した。国産飼料の供給や、堆肥の肥料利用の拡大を後押し。和牛輸出促進に向けた高度な衛生管理施設整備への支援も拡充する。視察先の鹿児島県霧島市で記者団に「飼料、肥料の国産化や円安メリットを生かした農林水産物の輸出拡大などに強力に取り組む」と強調したとのこと。さらにこれに先立ち、和牛生産者らと車座で対話し、ロシアのウクライナ侵攻や円安に伴う飼料高騰に関し、「皆さんの努力を後押しできる対策を用意したい」と述べたそうだ。

苦境に立つ生産者はもとより、生活苦にあえぐ生活者支援にも、もっともっと傾注すべきである。

身も心も、フトコロも寒い冬になりそうです

「ロシアのウクライナ侵攻や円安進行などで冬本番を前に灯油価格が高騰し、家計を圧迫している」で始まるのは、北海道新聞（10月12日付）の社説。「酷寒の道内で灯油値上げは生死に関わる。市町村は生活困窮者を中心に支援策を拡充してほしい」と、切実な声をあげている。

「食料品値上げも相次ぐ中、行政による生活支援も重要だ」とし、札幌市以外の北海道内全市町村が「昨年度は低所得世帯に灯油代を助成する『福祉灯油』」を実施したことを紹介し、道内人口の3分の1を占める札幌市にも取り組む

ことを求めている。

そして、「市町村の台所事情は厳しいが、コロナ禍の地方創生臨時交付金活用も可能だろう。無制約な財政支出は控えつつ、燃料費高騰による家計圧迫を国主体で直接和らげる方策を考える必要がある」と訴えている。

政治家に健全な精神を求める

政治家の常とう句と化した「趣旨が明確に伝わらず」や、「誤解を招いた」、さらには「発言取り消し」などは、普通の生活の場では到底通用しない。しかし、国会や政治の世界では、それらが通用する、普通の生活感覚から大きく乖離《かいり》した「常ならぬ世界」だとすれば、国民の日々の暮しは悪くなっても良くはならない。一般社会で通用する健全なる精神を身につけていない政治家に、良き政治を行えるわけがない。もちろん、「農ある世界」を豊かなものにする政治も行われない。

「地方の眼力」なめんなよ

（2022・10・19）

地方の疲弊・衰退と地方院

9月23日、武雄《たけお》温泉・長崎間約66㎞を約30分で結ぶ西九州新幹線が開業した。

新幹線開業はまちづくりの出発点

佐賀新聞（9月24日付）の論説は、「新しい鉄路の誕生で、コロナ禍で打撃を受けた地域経済の浮揚に期待がかかる一方、並行在来線となって特急の本数が大幅に減便されて不便になる地域への目配りが欠かせない」とする。

「開業効果をいかに持続させ、沿線以外にも波及させるか。特に長崎線で並行在来線となった江北《こうほく》（旧肥前山口）〜諫早《いさはや》の約60キロは、線路や駅舎などを佐賀、長崎両県が所有し、運行を引き続きJRが担うが、約束は23年間で、その後は未定である。『おもてなし』や地域が活気づく手だてなど、各地やJRの不断の努力が必要となる」と指摘し、「ローカル線の存廃を含め鉄路が脚光を浴びる今、地域の足をどう守り、生かしていくのか。新幹線開業を、まちづくりを改めて考える出発点としても捉えたい」と、重要な視角を提示している。

どこがめでたい鉄道開業150年

10月14日、わが国の鉄道が開業して150年を迎えた。

「鉄道が直面する最大の課題は、少子高齢化が進み、人口が減少する中で路線網をどうやって維持するかである」とするのは、神戸新聞（10月14日付）の社説。

「一度途切れた鉄路を取り戻すのは容易ではなく、全国貨物輸送網の観点からも存続に向けて英知を集めることが求められる。JRでは多くのローカル線が赤字に陥っている。黒字路線や不動産など関連事業の収益で赤字路線を支える『内部補助』の仕組みは、新型コロナウイルス禍による業績悪化も影響し、崩壊しつつある」と、切り込む。

「鉄道は日常生活だけでなく、観光や地域活性化にとって必要不可欠な社会基盤である。災害時に果たす役割など、利用者数や採算性だけでは計れない面も忘れてはならない。車よりも環境負荷が低い鉄道の運行を地域が一体となって支え、持続可能な公共交通網を再構築していく必要がある」とし、「地域や暮らしを支えるために、どの路線を『守る』かだけでなく、どのように『活かす』のか。住民や自治体、鉄道会社、国が真摯な議論を重ね、未来を切り開きたい」と訴える。

信濃毎日新聞（10月14日付）の社説は、今年、JR西日本とJR東日本が相次いで不採算路線の収支公表に踏み切ったことに触れ、「気になるのは、公開された収支が細切れで、赤字区間を強調したように見える点だ。切り捨てるような発想が見え隠れする。鉄道事業はそもそも、結んでいるネットワーク全体を視野に考えるべきではないか」と、議論が赤字区間だけの問題に矮小《わいしょう》化されることを警戒する。

そして「今後、検討が進めば、自治体や市民に新たな負担が生じる手法が浮上する可能性もある。設備を自治体が保有して運行会社の負担を軽減する『上下分離』などだ。福島県では今月、只見線《ただみせん》がこの方式で運行再開した。滋賀県では、全国初の『交通税』導入を目指す動きも進む。地域の将来に鉄道をどう位置付けていくか。長野県でも踏み込んだ議論が求められる」とする。

JR只見線再開の意義と課題

しんぶん赤旗（10月18日付）は、10月1日に約11年ぶりに全線開通したJR只見線について詳しく報じている。会津若松（福島県）と小出《こいで》（新潟県）の135・2㎞を結ぶ只見線は、2011年7月の新潟・福島豪雨で橋梁《きょうりょう》が流されるなどの被害を受けた。鉄道ファンの人気は高いものの、一部区間の輸送密度（1㎞当たりの1日平均輸送人員）は、廃止対象の目安とも言われる千人未満を遥かに下回っている。復旧をめぐり沿線自治体では「普通区間の再開はバス運行」との説明会まで開かれたが、「鉄路1本で結んでほしい」が住民の願いだった。復旧を求める署名活動では、1万8000の署名が集まったそうだ。

署名活動に携わった山岸国夫《やまぎしくにお》・只見町議は、「本数ではバスの方が便利なのは事実。しかし、過疎化で悩む地域を維持させていくには、観光客に多く来てもらう必要があり、只見線が1本につながってこそ、意味があります」と語っている。

しかし、問題はこれからも続く。「上下分離方式」での再開のため、下の部分（線路など施設の管理維持）の年間費用約3億円を県と地元自治体が負うことになる。例えば、人口約3800人の只見町は年間約2000万円の負担。

そのため、「これから只見線、そして地域を持続させるため、地元自治体の負担を少なくしてもらうよう、引き続き要望を続けているところ」とは、目黒長一郎《めぐろちょういちろう》氏（只見町商工会長）。

「只見線を地域資源として活用し、地方創生路線として成功したモデルケースにしなければいけない」と、抱負を語るのは押部源二郎《おしべげんじろう》氏（金山《かねやま》町長）。

記事は、「只見線を存続させ、過疎化が進む奥会津地方を活性化させる。住民の熱意に基づいた地域の努力とともに、『被災ローカル線』を復旧させたJR、そして国の本気度が問われます」と締める。路線存続を目指した存続運動に終わりは見えない。

検討にあたいする「地方院」構想

地方の疲弊、衰退に歯止めをかけるためのヒントを与えているのが、西日本新聞（10月19日付）の「『地方院』が実現すれば」。田代芳樹《たしろよしき》氏（同紙クロスメディア報道部）が、樋渡啓祐《ひわたしけいすけ》氏（元佐賀県武雄市長）との対話を紹介する中で示された、参議院の「地方院」構想は興味深い。「衆院は外交や防衛などの国策に専念する。地方院は知事や政令市の市長が議員を兼務し、地方行政について審議する。そうやって両院のすみ分けを図る」が、その内容。

樋渡氏は「少子高齢化対策など国が直面する喫緊の課題を解決するには、地方の実情を熟知する首長らの国政関与が不可欠」と言う。

田代氏も「新型コロナ禍では規制や支援を巡り、国と地方のあつれきが何度も表面化した。地方院が実現すれば、地方の声は国政に反映されやすくなるだろう」「例えば沖縄の米軍基地移設など、地方の協力が不可欠な問題では衆院と合同で委員会を設置してはどうか。意見が異なれば、地方院の議決を優先するくらい思い切った改革が必要だ」「中央集権的な国の在り方を見直す機会にもなる」などと記している。

この提案、アイディアの段階ゆえに突っ込みどころはある。しかし、疲弊し、衰退していく地方の実情を熟知した人たちが、しかるべき場所で地方行政を審議し決定することがなければ、地方の活性化も創生も実現しない。首都圏や大都市育ちの政治屋二世、三世、あるいは落下傘議員に、地方の未来は託せない。

「地方の眼力」なめんなよ
（2022・10・26）

インボイスの前にこのボイスを聴け

10月23日のNHK「おはよう日本」（7時台）は、「インボイス制度」を取り上げた。冒頭で、2023年10月実施予定のこの制度によって、「税金の負担が増えるのでは」「取引先から仕事がもらえなくなるかも」「廃業せざるを得ないか」といった中小事業者の心配の声が紹介された。

インボイス制度が免税事業者に迫るもの

インボイス（invoice）とは「送り状」や「請求書」を意味するが、消費税の仕入税額控除方式（後述）として2023年10月に導入予定の「適格請求書等保存方式」の通称となっている。

軽減税率の導入を契機に、10％と8％の複数税率に対応した、税金の発生を証明するために、消費税を受け取る「売り手」側の事業者が、「買い手」側にインボイスを発行する。

商品やサービスを販売した事業者は、受け取った消費税から、材料などを仕入れたときに支払った消費税を、差し引いた額を納税する（いわゆる「仕入税額控除」）。これまでは帳簿があればこの控除が認められていたが、インボイス制度が実施されれば、インボイスがなければ「仕入税額控除」が認められなくなる。その分、納税負担が増すことになるため、インボイスを発行できない業者との取引をやめ、インボイスを発行する事業者との取引を行うか、税金部分の値下げを要求することが想定される。

年間課税売上高が1千万円以下の消費税納税を免除されている「免税事業者」は、このインボイスを発行できない。免税事業者は、生き残るために課税事業者になるか、廃業の可能性をはらみながら免税事業者のままでいるか、二択を迫られる。

浦尾広明《うらおひろあき》氏（税理士）は、「免税事業者が課税事業者になったとしても、複雑なインボイスを発行するシステムの導入費用や維持費がかかります。個々の取引でインボイスを発行することは、とくに零細な事業者には重い事務負担となります。罰則も大変重くなっています」と、課税事業者に生じる負担の重さを指摘する（しんぶん赤旗日曜版、9月25日号）。

「事業者免税点制度」と呼ばれるこの免税制度の趣旨について財務省は、「小規模な事業者の事務負担や税務執行コストへの配慮から設けられている特例措置」としている。だとすれば、「事務負担や税務執行コストへの配慮が不要になった」理由について、丁寧な説明が求められる。

政府は苦しむ人の声を聴け

すでに、しんぶん赤旗（2021年9月27日付）は「主張」で、「個人タクシー業者は、免税業者のままでいれば、インボイスを必要とするビジネス客から利用を避けられ、旅行会社から発注を打ち切られかねない」「シルバー人材センターで働く70万人の会員は、センターから業務を委託される個人事業主。センターが仕入税額控除をするには会員のインボイスが必要。平均年収40数万円の会員が課税業者になって消費税を負担させられるか、報酬から消費税分が引かれる可能性がある」「9割が免税業者の農家や、ウーバーイーツの配達員など単発で仕事を請け負うフリーランス、文化・芸術・イベント分野で働く人たちも同じ影響を受けます」と、それが及ぼす悪影響を示し、「政府はこの声に耳を傾けるべきです。インボイス制度の中止はもちろん、コロナ禍で納税困難な業者には消費税を減免することこそ必要」と訴えている。

農業に及ぼす看過できない悪影響

農業者に関わる主な特例として次のふたつがある。

（1）農協特例は、農業者が農産物を「無条件委託方式・共同計算方式」でJAに販売委託をしたとき、農業者はインボイスの発行を免除されること。

（2）卸売市場特例は、JAへ販売委託した野菜等が卸売市場で実需者に販売されるとき、農業者はインボイス発行を免除されること。

この特例措置を踏まえつつ、日本農業新聞（9月26日付）は、子牛市場での取引は「卸売市場特例」の対象外となるため、「繁殖農家は子牛価格の下落を不安視する。インボイスを発行できない繁殖農家から子牛を仕入れる可能性がある肥育農家は、納税負担の増加に気をもんでいる」などの例をあげ、政府に万全の対応を求めている。

農民連（農民運動全国連合会）が出している新聞「農民」（10月24日付）は、「そもそもインボイスは免税事業者つぶしの制度です。財務省は免税事業者の4割が課税事業者になることを選択し、２４８０億円の税収増になると見込んでいます。こんな制度を許すわけにはいきません」と、怒りと危機感をあらわにしている。

「インボイスが発行できなければ取引から排除されるか、『消費税分の値下げを』などと迫られるおそれがあります」

「農業法人では、従事分量配当を行うために法人の構成員みんながインボイスを発行しなければなりません」

「酪農家や肥育農家は事業規模が大きいので課税事業者になっています。仕入税控除をするため、酪農ヘルパー・個人獣医・受精師・削蹄師などからインボイスを発行してもらう必要があります」

「堆肥センターへの牛糞持ち込みや、逆に堆肥散布の作業委託料、中古農機具の下取りでもインボイスが必要です」

「小規模の繁殖和牛農家は子牛のセリの時に、インボイスの有無で販売価格に差がつく可能性があります」

「農協特例は『無条件委託販売・共同計算』が原則で、支払われる米代金は、どの農家も同じです。その結果、インボイス発行のために課税事業者になった農家は、受け取った米代から消費税を納税することになります」

「慌ててインボイス発行のために一度課税事業者になると、農業経営が赤字でも消費税が発生し、来年の12月1日までに登録取り消しの届け出を出さないと、2年間は消費税を払い続けなければなりません」

「産直センターも出荷する免税農家の対応で苦しい判断を迫られており、インボイスで経営基盤を根こそぎ壊されかねません」

ここに示された問題点は、看過《かんか》できない悪影響を農ある世界に及ぼすことになる。農協特例や卸売市場特例ごときのあめ玉で済むはずはない。政府与党に「万全の対応」を求めても、子どもだましのあめ玉がほんの一握りの熱烈支持者に渡されるのが関の山。

STOP!インボイス

「農民」は、「免税制度は小規模の農家経営を守る制度であり、権利です。この免税制度がなくなれば、家族農業は営農の権利を奪われ、経営をやめるしかありません」と記している。

この指摘は、家族経営に限らず、わが国約500万の免税事業者に共通することである。たかが2480億円の税収増と引き換えに、免税事業者の多くを苦境に陥れ、最悪の場合、廃業に追い込むことが、いかに愚かしいことかは明らかだ。

「地方の眼力」なめんなよ

（2022・11・2）

疲れきった教育現場が生み出すもの

「結果を急ぐな」「作物の長所を伸ばせ」「赤ちゃんをあやすように、種を育む」「迷ったら自然に聞いてみよ」とは、2022年秋の黄綬褒章《おうじゅほうしょう》受章者である岩崎政利《いわさきまさとし》氏（農業、長崎県雲仙市）の言葉（西日本新聞11月2日付、長崎・佐世保版）。

増える児童生徒の問題行動・不登校

「令和3年度 児童生徒の問題行動・不登校等生徒指導上の諸課題に関する調査結果について」（文部科学省初等中等教育局児童生徒課、令和4（2022）年10月27日）で注目したのは、次の3点。

（1）小・中・高等学校における暴力行為の発生件数7万6441件（前年度6万6201件）、対前年度比115・5％。

特に、小学校における暴力行為の発生件数が急増している。2006（平成18）年度には3803件だったが、13（平成25）年度1万896件、16（平成28）年度2万2841件、18（平成30）年度3万6536件、19（令和元）4万3614件、そして21（令和3）年度4万8138件。小学校が2021年度の発生件数の63・0％を占めている。

（2）小・中・高・特別支援学校におけるいじめの認知件数61万5351件（前年度51万7163件）、対前年度比119・0％。

（3）小・中学校における長期欠席者数41万3750人（前年度28万7747人）、対前年度比143・8％。うち、不登校児童生徒数24万4940人（前年度19万6127人）、対前年度比124・9％。

在籍児童生徒に占める不登校児童生徒の割合2・6％（前年度2・0％）。

これらから、児童生徒における問題行動（暴力行為、いじめ）と不登校が増加していることが分かる。

教員の働き方改革と学びを保障する多様な方法

新聞各紙の社説は、文科省の調査結果が示す由々しき状況について、次のような見解を示している。

朝日新聞（10月28日付）は、「大人が子どもとしっかり向き合い、適切なケアを行うことが大切だ」としたうえで、「不登校の小中学生のうち36％、8万9千人は、学校や地元の教育支援センター、フリースクールといった組織のどこからも支援を受けていない」ことや、「小学校での暴力行為の増加も気がかり」とする。

学校の対応が基本として、疲弊する教員の実態を踏まえ、教員の働き方改革を加速させることを、国や教育委員会に要求する。

さらに、「子どもたちの支援は待ったなしだ」として、学校に対して「不登校の子にオンラインで勉強を教えるNPOや、地域住民が営む子ども食堂など」の、いわゆる「第三の居場所」との積極的な連携を提起している。

毎日新聞（10月29日付）は、不登校に対する「学校の理解が不十分で、支援体制が整っていない可能性がある」ことを指摘するとともに、「対策が登校の強要になるようなことがあってはならない。多様な方法で学びを保障する仕組みづくりを進める必要がある」として、「一人一人の事情に応じた学びを提供する不登校特例校や、学齢期を過ぎた人らを受け入れる夜間中学など」を選択肢として整備することを求めている。

冷静な分析に基づいた適切な対策

「旭川市内で昨年凍死した女子中学生についていじめの認知や対応が遅れ、命を救えなかったことを重い教訓とするべきだ」とする北海道新聞（10月31日付）は、「子どもの声に耳を澄まし、わずかな兆候にも迅速に対応できるよう目配りが必要だ。さらに個々の状況に応じて救いの手を差し伸べなければならない」として、「学校や教員、教育委員会は本人の苦痛の有無を重んじるいじめの定義や対処法を深く理解し、適切に対応するよう努めてほしい」と訴える。

沖縄タイムス（10月29日付）は、「2021年度の県内小中学校の不登校児童生徒数が4、435人となり、過去最多を更新した。10年前と比べて2倍以上になっている。県教育庁によると、千人当たりの不登校の小中学生は全国平均より3・7ポイント高い29・4人で、小学校に限ると全国一多い18・8人だった」と、沖縄県内の厳しい状況の紹介から始まる。

「県内ではコロナ禍以前から、不登校の児童生徒数は全国と比べても多かった。要因は複合的で、全国最下位水準の県民所得や子どもの貧困率の高さなども複雑に絡み合っている。親が困窮して子どもと十分に関わる余裕がなく、生活の乱れを見逃しているうちに不登校になるケースもある。元々弱かった不登校対応が問題を顕在化させたのではないか」として、的確な分析に基づいた対策を求めている。

その上で、「政府は不登校の子どもの事情に合った特別カリキュラムを組める『不登校特例校』の全国設置を目指している。（中略）（教育機会）確保法では特例校の設置は国や各自治体の努力義務で、現在は10都道府県の計21校にとどまっている。県内でも支援の多様な選択肢の一つとして設置を検討すべきだ」と提案をする。

さらに、「学校現場が子どものSOSを受け止め切れていないとの重い指摘もある。県内の公立小中高校と特別支援学校の教員は9月時点で94人も不足。学級担任の未配置も小中で52人に上る。現場は長時間労働が常態化している。教員はコロナ対策やオンライン授業の準備に追われ、病休者の増加などから配置が追い付かないという。教員が疲弊している状況では、学校が子どもたちにとって安心できる居場所にはならない。教員の働き方改革も急務だ」と、切迫する教育現場の状況から警鐘を鳴らす。

問題行動・不登校が暗示するこの国のあした

東京新聞（11月1日付）は、いじめなどの相談を受けるＮＰＯ法人「プロテクトチルドレン」（代表森田志歩《もりたしほ》氏、埼玉県川口市）による「小中高校と特別支援学校の教員約１５００人を対象にした労働環境に関するアンケート」（6月から7月に、10自治体の教育委員会と各地の30校に依頼して実施。有効回答１５２２件）から、注目すべき結果を紹介している。

１カ月当たりの残業時間は、８割弱が「40時間以上」。16・8％は過労死ラインとされる「80時間以上」。まさに、常態化する長時間労働。

負担・ストレスを感じる業務については（25の選択肢から複数回答）、一番多いのが「事務（調査回答、報告、記録等）」の54・5％、これに、「保護者・ＰＴＡ対応」の47・2％、「不登校・いじめ等の対応」の40・7％が続いている。

自由記述として、「休憩時間は全くない」「教員の仕事を続けてよいのか迷う」「保護者に無理難題な要求をされる」「法律・精神的なサポートも必要なので専門家にやってほしい」などが紹介されている。

逃げ出したくなるような教育現場の疲れきった教師が、児童生徒にゆとりをもって真正面から向き合えるわけがない。

教師と児童生徒の置かれたこの暗い状況は、そう遠くないこの国の姿を暗示している。

「地方の眼力」なめんなよ

居場所と承認

（2022・11・9）

「みんなの夢、背負ってんねん。こんなとこで終わられへん……」と、自らを鼓舞してペダルを踏む主人公。飛行距離3・5㎞、滞空時間10分。なにわバードマンの夏が終わりました。今日（11月9日）のＮＨＫ朝ドラ。

「またもやすごいドラマが始まった」のは英国のお話し

ＮＨＫといえば、「市民とともに歩み自立したＮＨＫ会長を求める会」が、次期ＮＨＫ会長候補に推薦した前川喜平《まえかわきへい》氏（現代教育行政研究会代表）は、東京新聞「本音のコラム」（11月6日付）で、「放送の公共性とは人々に真実を伝えることであって政府に従うことではない。ＮＨＫ会長の任務は現場の自由を保障することだ。放送のあるべき姿に向けて一石を投じることができるなら望外の喜びである」と記している。

政権与党の広報機関と化しているＮＨＫの現状を変えるためには適任者。前川会長なら、気持ちよく受信料を納めますけど。

「英国の有料テレビチャンネルのスカイ・アトランティックで、またもやすごいドラマが始まった」で始まるのは、ブレイディ・みかこ氏（英国在住のコラムニスト）による「どげんもこげんも　ＵＫダイアリー」（西日本新聞11月4日付）。

「最近まで首相だった政治家や閣僚、科学者たちが全員実名で登場し、コロナ対策に右往左往《うおうさおう》したり、どうしていいのかわからず癇癪《かんしゃく》を起こしたり、失敗して互いに責任をなすりつけ合う姿が赤裸々《せきらら》にドラマ化される状況を。日本ではちょっと考えづらいので、わたしはこういうドラマを見るたびにびっくりしてしまうのだ」とした上で、このドラマのもっともすばらしいところを例示する。

―たとえば、現場の医療関係者がＰＰＥ（ガウンなどの個人防護具）の不足を嘆き、地域の学校の生徒にフェイスシールドを作ってもらってしのいだり、看護師が感染したりしているときに、ジョンソン元首相の妻のキャリーは、宮殿のような首相公式別荘でベビーシャワーのパーティーを開き、友人たちにディナーやシャンパンをふるまっている。この「エスタブリッシュメント」と「庶民」の鮮烈なコントラストは、作り手の無言の主張になっている―

これだけでも彼我《ひが》の違いに驚くのだが、「それでも左派紙ガーディアンのレビューなどは手厳しく、このドラマは『ジョンソン元首相に好意的すぎる』というのだから、やっぱり英国という国は奥深い」とのこと。

さらに、「１９９０年代には政治家どころか女王や皇太子まで実名で登場させる人形劇コメディーを制作し、一文《いちもん》なしになった王室一家が公営団地に引っ越すシーンまで地上波で放映していた国」と教えられれば、ただただ恐れ入谷《いりや》の鬼子母神《きしぼじん》よ。

「ＴＶで会えない芸人」を支える居場所と承認

10月23日、岡山市西大寺《さいだいじ》で行われた、松元《まつもと》ヒロ氏のソロライブを観た。あっという間の１００分間。

ヒロさんは、「テレビで会えない芸人」として知る人ぞ知る存在。テレビで会えない理由は簡単。旺盛なる風刺力を総動員して、愚かな政治家たちの物まねをするなど、テレビ局が嫌がるネタを連発するから。英国とは違うのです。

氏の代名詞ともいえる、自らを日本国憲法に見立てた一人芝居「憲法くん」では、憲法前文や憲法9条の条文を暗唱しつつ、「こんにちは、憲法です。75歳になりました。私がリストラされるという話がありますが、本当にいいんですか」などと舞台から客に向かって話しかける。アンコールに応えた迫真のパフォーマンスに圧倒された。

ドキュメンタリー映画『テレビで会えない芸人』（2022年）の中で、46歳からテレビを離れてソロライブを中心に活動するようになった経緯を尋ねられて、「テレビに出たくて芸人になった。最初は『ｎｅｗｓ23』（ＴＢＳテレビ）などいろんな番組が呼んでくれた。どんどん出るようになったら、『それはちょっと控えてください…』とか、『政治家の…』といったテレビ局からの重圧とか忖度とかが見えてきて、じゃそれなら最初にやっていたステージに戻ろう。好きなことが言えるなと思って、テレビから距離をおくようになった」とインタビューに答えている。

支えとなっているのは、「俺は今、テレビに出ている芸人をサラリーマン芸人と呼んでいる。テレビをクビにならないようなことしか言っていない。昔の芸人は、ヒロみたいに、他の人が言えないことを代わりに言ってやるやつが芸人だったんだ。お前を今日から芸人と呼ぶ」と、かの立川談志《たてかわだんし》に認められたこと。

戻る場所と芸を認める人、換言すれば、居場所と承認、このふたつの存在が、松元ヒロを語るうえでは欠かせない。

農ある世界に居場所を創る

居場所と承認という視点は、前回（11月2日付）の当コラムで取り上げた不登校問題の打開策を考えるうえでも欠かせない。

11月3日の日本農業新聞の論説も「居場所づくり　農の出番」と見出しを付して言及している。

ＪＡ東京青壮年組織協議会が取り組む不登校の中学生の支援で、「メンバーは農業体験の受け入れや出前授業など、農業を通じて人と関わる楽しさや大切さを伝えている」ことを紹介する。

また、ＪＡの施設を利用して食堂を開設し、子どもたちの居場所をつくる試みとして、ＪＡふくしま未来女性部伊達地区本部の取り組みを紹介している。そこでは、心安らげる空間づくりを目指して、子ども食堂「よりそい食堂」が開設されているとのこと。

「地域に自分の居場所があり、つらい気持ちに寄り添ってくれる大人がいる。JA発の取り組みは、生きづらさをかかえる子どもたちの心に種をまき、農業を大切に思う人づくりにつながっている」と高く評価し、JAの青壮年協や女性部の取り組みを通して子どもたちに居場所を提供することを、「地域に根差した協同組合だからこそできる試み」と位置付け、全国的に展開することを提起している。

自分を守る靴磨き

西日本新聞（11月4日付、夕刊）は、予約が半年待ちの靴磨き店が岐阜県関市にあることを伝えている。店主は市原《いちはら》レオン氏。靴磨きを始めたのは中学1年の時。同級生らによるいじめから自分を守ろうと暴力を振るい、さらに孤立。耐えきれず名古屋に向かい、路上で靴を磨く。「靴がきれいになった」と褒められると、「自分が必要とされている」と実感できたとのこと。

高校でパニック障害を引き起こしたが、「靴を磨いている間は心の平穏を取り戻せた」と述懐《じゅっかい》。23歳で店を構える。なんと、21年12月からは、「自分のように生きる支えややりたいことを自由に見つけてほしい」との思いから、発達障害のある子どもたちを対象に靴磨き教室を定期的に開催しているそうだ。

この記事に刺激され、久しぶりに靴を三足磨くことに。持ち主同様、くたびれていた靴に、確かに輝きが戻ってきた。靴は踏みつけられながらも、その歩みをしっかり支えて、「心の平穏を取り戻せ」と語ってくれている。

「地方の眼力」なめんなよ

人口80億人時代とこの国のあり方

（2022・11・16）

国連人口基金によると、世界の総人口が15日、推計で80億人を突破した。2011年に70億人を超えてから、11年間で10億人増えた。国連は急激な人口増加が社会経済発展の負担になっているとして、各国に警鐘を鳴らしている。（時事ドットコムニュース、11月15日19時40分）

世界人口80億人突破がもたらすもの

毎日新聞（11月16日付）は、世界人口80億人突破に関連し、「人口増加は貧しい国が大部分を占めており、貧困の撲滅や気候変動との闘いなどに影響を与える可能性がある」と、国連が警鐘を鳴らしていることを伝えている。

同推計によると、中国の人口が約14億2600万人で世界最多、2位のインドは約14億1200万人。2023年にはインドの人口が中国を抜く見通し。ちなみに、日本は約1億2400万人で11位。

ただし、人口増加率は鈍化しており、90億人に達するのは2037年。80年代に104億人に達した後は横ばいで推移する見通し。

注意を要するのは、70億人から80億人の増加分の7割を低所得国と低中所得国が占めていること。さらに、80億人から90億人への増加分では、この2つのグループが9割以上を占めると予想されていることである。

このため国連のグテレス事務総長は、「世界の持てる者と持たざる者の間に横たわる大きな溝を埋めない限り、私たちは緊張と不信、危機と紛争に満ちた80億人の世界と向き合うことになる」と述べ、化石燃料に依存せざるを得ない人びとへの支援の必要性を示唆した。

国の内外を問わず、人口増は当然、食料需要が高まることを意味している。カロリーベース食料自給率が40％にも満たないわが国が、他国への食料依存度を高めることは、「飢餓の輸出」を意味することになる。人口減少国日本においても、食料自給率を高めることが求められる。

しかし、農畜産物を生産する現場は、コロナ禍とウクライナ侵攻の影響を受け、疲弊を極めている。

生産現場は、今を乗り越えることに苦労している

日本農業新聞（11月10日付）は、農業者を中心とする同紙農政モニターの政治・農政に関する意識調査結果（モニター1034人を対象に10月実施、回答者692人）を報じた。注目した調査結果は、次のように整理される。

まず岸田内閣については、「支持する」38・9％、「支持しない」59・7％。この調査でも支持率は低下している。

現政権の農業政策については、「大いに評価する」1・0％、「どちらかといえば評価する」29・3％、「どちらかといえば評価しない」43・6％、「全く評価しない」17・1％、「分からない」8・4％。大別すれば、「評価する」30・3％、「評価しない」60・7％。農業政策もまた、ダブルスコアで評価されていない。

岸田政権に期待する農業政策（三選択可）については、最も多いのが「生産資材などの高騰対策」46・4％、これに「米政策」39・5％、「担い手対策」31・8％が続いている。

生産資材の価格高騰や人件費の上昇が農業経営に与える影響については、「大きな影響がある」56・8％、「やや影響がある」25・0％、「影響はない」3・9％、「分からない」10・3％。8割以上のモニターが影響を受けている。

必要な生産資材高騰対策（二選択可）については、最も多いのが「生産資材の価格補填」67・3％、これに「農畜産物の値上げ（価格転嫁）の理解促進」42・6％、「生産コスト低減技術や機械の導入支援」29・8％が続いている。

一刻も早く、打てる手を打たない限り、離農が進むこと、間違いなし。当然、食料自給率は低下する。

人口減を恐れず成熟社会を目指す

「世界の人口が80億人を突破する中、日本は少子高齢化が進み人口が減り続けています。このまま人口減少が続くと、日本はどうなるのか。世界に先駆けて直面する高齢化に、どう対処したらよいのか」という問題意識から、広井良典《ひろいよしのり》氏（京都大学・人と社会の未来研究院教授）に行ったインタビュー記事を朝日新聞（11月16日付）が報じている。

広井氏は、「日本の人口がある程度減るのは避けられません。（中略）欧州に目を向けると、英国やフランス、イタリアの人口は6千万人。面積はイタリアが日本と同じくらいで、英国は小さく、フランスは大きい。1億人超の日本は過密とも考えられます。今の人口水準を保たなければならない絶対的な理由はありません」と明快。

人口や経済の拡大信仰を「いわば昭和的な価値観」としたうえで、「拡大・成長から脱却し、新しい成熟社会に移行するチャンスです。集団で一本の道を上っていくのではなく、それぞれが個人の人生を設計できるような持続可能な社会を作る必要があります」と、この国のあり方を提起する。

具体的には、２０１７年の共同研究から、都市集中型社会を「持続可能性や格差の観点からいうと、望ましいとは言えない社会」としたうえで、札幌、仙台、広島、福岡への人口集中が進んでいることを「少極集中」と呼び、これを「多極集中」（国内に多くの極となる都市や地域があり、それぞれがある程度集約的な都市構造になっているような姿）にしていくことが望ましいとしている。

その実現のために必要なこととして、「若い世代が各地の町づくりや環境など、ローカルなことがらへの関心を高めています。そのような動きに注目し、支援すること」をあげ、「個人がもっと自由度の高い形で自分の人生をデザインできるような、環境・福祉・経済のバランスのとれた成熟社会への移行期に、今の日本はある」と締めている。

「成熟社会」のヒントは地域の再生にあり

広井氏の指摘は、日本農業新聞のモニターの意識と矛盾するものではない。

前述の意識調査結果において、地方の活性化対策（二選択可）についての回答結果で、最も多いのが「地方への移住、定住対策」44・5％、これに「地方への財政支援」32・2％、「半農半Xやマルチワーク（複業）など多様な働き方の支援」25・3％などが続いている。

地域住民が移住者や地域おこし協力隊員とともに、地域の再生に動いている地域は多い。「成熟社会」のヒントはそこにある。

その実現のためにも、生産基盤を何としても強化しておかなければならない。意識調査で問われた生産基盤強化政策（二選択可）について、最も多いのが「所得補償の導入」36・6％、これに「担い手の経営安定対策やセーフティーネットの充実」33・4％、そして「消費者の農業理解（国消国産や地産地消の推進など）」29・3％が続いている。

これらの政策はいずれも、国土と国民を守り抜くためには不可欠な政策であることを、政治家は肝に銘じるべきである。

「地方の眼力」なめんなよ

廃校活用プロジェクトにXはある

（2022・11・30）

先日、義母の一周忌の法要で妻の実家に行く。鳥取県八頭《やず》町《ちょう》大江《おおえ》という典型的な中山間地域。妻が通った小学校は2017年に廃校となったが、2019年より里山リゾートホテル「OOE VALLEY STAY」として蘇《よみがえ》った。

ホテルで蘇る廃校

同ホテルを手がけるのは、「平地での放し飼い」による高級鶏卵を全国へと販売する傍《かたわ》ら、地域に根差した六次産業を推進する大江ノ郷自然牧場（創業1994年）。

教室は広々とした高級感あふれる個性的な客室となっている。なお、満天の星空を眺め、そして山から聞こえる小鳥や鹿の鳴き声を聞きながら、非日常を感じてもらうため、テレビは置かれていない。

アリーナと呼ばれるかつての体育館には、ボルダリングの設備などもあり、季節や天候を気にせずに思いっきり身体を動かせる全天候型の遊び場となっている。「弁当忘れても傘忘れるな」と言われるほど雨が多い山陰地方だが、体育館があればいつでも楽しむことができるので、当然、顧客満足度は高まる。また、グラスクエアと呼ばれるかつての校庭には芝生が敷かれ、多様なアウトドアライフを味わうことができるそうだ。

かつての校舎を車中から眺める妻に感想を求めたら、「廃校になったのはさみしいけど、壊されることなく活用されていてホッとする」とのこと。そして「何にもない、田舎だと思っていたんだけどね……」とつぶやいた。

廃校活用で「地域社会性のある人と組織」をめざす

「毎年約450校。これは、全国で発生している廃校の数です。近年では、民間事業者による廃校活用が進み、雇用創出等、地域活性化につながっている例も多く出てきています。廃校は終わりではなく、始まり。皆さんで、廃校活用について考えてみませんか」と呼びかけているのは、10月14日にオンラインで開催された、文部科学省による「令和4年度　廃校活用推進イベント（オンライン）」の告知文。

事例報告で興味を持ったのは、農業との関わりがあった次の2事例。

まずは、京都府福知山市旧中六人部《なかむとべ》小学校と井上株式会社の事例。

福知山市は、2019年11月7日に公募型プロポーザルを実施し、井上株式会社を選定した。「旧中六人部小学校の利活用について、地元の意向を反映した農業を主軸とした有効な提案がされている。実施体制についても、十分な体制が構築されており、優先交渉権者として適当であると判断したため」が選定理由。

同社は、福知山市内を拠点に制御技術や通信環境といった電気設備の領域などで幅広く事業展開している。

2018年10月に廃校となった旧中六人部小学校を農業体験型施設にリノベーションし、2020年10月に『THE 610 BASE（ザ・ムトベース）』としてオープンした。

かつての校庭には、7棟のビニールハウスが並び、「紅ほっぺ」や「かおり野」などのイチゴが、同社の本業ともいえるIoT（Internet of Things。モノをインターネットに接続することで、離れた場所から対象物を計測・制御したり、モノ同士の通信を可能にする技術）による制御技術のもとで栽培されている。また、学校らしさを生かしつつ、おしゃれにリニューアルされた校内では、イチゴを使ったジュースやスイーツなどが販売され、収穫体験やワークショップなども開催されている。

井上大輔《いのうえだいすけ》氏（同社代表取締役）によれば、始まりは地域課題について検討する社内プロジェクトでの議論。そこで、地域に根差す企業として、専門領域を生かすことで、身近な課題の解決に取り組む「地域社会性のある人と組織」になるという方向性が確認された。さらに検討を深める中で、「農業」へのチャレンジが決定される。まずは得意のＩｏＴ技術が生かせる「ハウス栽培」ということでイチゴとなった。

しかし優良農地がなかなかない。農地探しに奔走していた時、廃校のグラウンドに陽光が燦燦《さんさん》とさしているのが目に飛び込んできた。「このグラウンドでイチゴができたら楽しそうだ」と思い、地域の方に相談すると、極めて好意的な後押しを受ける。そして市に相談に行き、具体的な動きが始まったそうだ。

廃校活用で始まったのではなく、「農業」という地域課題へのアプローチのなかでの廃校活用である。

「地域の宝」を蒸留所として「新たな地域の宝」へ

もうひとつは、岐阜県高山市旧高根《たかね》小学校と有限会社船坂《ふなさか》酒造店の事例。

旧高根小学校は、過疎化が進む高根地域におけるコミュニティー施設としての役割も担い、「地域の宝」とまで呼ばれるほど大切にされていたが、２００７年に廃校となった。２０２１年、高山市の有限会社船坂酒造店から高山市に、ウイスキー蒸留所としての活用が提案された。校舎を愛する住民の想いを尊重し、地域貢献を強く意識していることや、将来的な波及効果も十分考えられることから、２０２２年3月に不動産賃貸契約がむすばれた。

岐阜県初のウイスキー専門の蒸留所「飛騨高山蒸溜所」として、4月から改修工事にかかり、２０２３年に蒸留を開始、２０２６年にシングルモルトウイスキーの発売を予定している。

社長の有巣弘城《ありすひろき》氏によれば、ウイスキーの蒸留所を設置するには広大な土地と水、熟成に関わる寒冷な環境が必要となるが、これらの条件を満たす理想的な環境とのこと。ちなみに体育館が蒸留所、校舎が貯蔵所に変身する。

まだ緒についたばかりではあるが、将来的には、地元の農家と連携して栽培した大麦でのウイスキーづくりにも挑戦したいそうだ。それによって、農家収入の向上に貢献できたら本望《ほんもう》とのこと。

また、「飛騨の匠」と呼ばれる木工技術集団の技術を活用した、木桶での発酵や熟成樽でのウイスキーづくりも構想に入っている。

廃校を新たな地域づくりの拠点に

福島民報（11月22日付）によれば、福島県内の県立高は改革前期実施計画に基づき、2025年度までに12校が廃校となる見通し。ただこれらの校舎がいずれも耐震改修工事を終えていることから、避難所とか大都市圏にある企業のオフィスとしての活用などを提案している。さらには、「逆転の発想で廃校を新たな地域づくりに結び付ける好機と捉え、行政と住民が意見を交わす場を積極的に設けて、地域性を踏まえた特色ある利活用につなげてほしい」と訴える。

ハイコウを活用することによって、地域はコウハイから免れることを、今回紹介した3事例は教えている。

「地方の眼力」なめんなよ

（2022・12・7）

個性を磨いて性差を超える

筆者は、JAグループや行政の委員会などで、女性の地位向上を目指す活動をサポートしてきた。男女共同参画から始まりLGBTQに関わる諸問題を自分事として考えてきたがゆえに、杉田水脈衆院議員が総務政務官になった時には、驚き、そして怒りを禁じ得なかった。なぜならこの人事は、ジェンダー平等社会の実現が遠のくことを意味しているからだ。

敏感な英国王室と鈍感な岸田政権

故エリザベス女王の側近で貴族出身のスーザン・ハッシー氏が、英国で慈善団体を運営する黒人女性に対して執拗な差別的質問をした。王室はすぐに「(ハッシー氏の)発言は受け入れられない」とのコメントを出し、氏が謝罪し王室を去ったことを、山形新聞(12月6日付)のコラム「談話室」が取り上げている。

「人種や人権に対する敏感さが前より求められる時代なのに、この種の問題は洋の東西を問わずに起きる。わが国には少数者を揶揄《やゆ》する発言で、物議を醸《かも》す政治家がいた」として、ブログに「アイヌの民族衣装のコスプレおばさん」などと投稿していた杉田氏を俎上《そじょう》にあげ、「LGBTに『生産性がない』とも述べ、4年前から批判を受けてきた御仁《ごじん》である。政府もさすがに危機感を覚えたか総務相は先週末、発言への謝罪と撤回を指示した。だが、そんな人物を政務官に就けたのがそもそも妥当だったか。判断はまたも遅きに失したように見える」と、岸田文雄首相の姿勢に疑問符を投げかけている。

コスプレ発言の罪深さ

「自民党の杉田水脈総務政務官がかつて、アイヌ民族を侮辱する内容をブログに投稿していたことが分かった」で始まる北海道新聞(12月2日付)の社説は、首相が掲げる「『多様性の尊重』とは、まったく相いれない」として、政務官としてだけでなく、国会議員としての資質にも疑問を呈している。加えて、「数々の問題発言を知りながら、起用した首相の人権感覚そのものが問われかねない」と手厳しい。

さらに、落選中のこととはいえ、このコスプレ投稿が「アイヌ民族の歴史と文化への理解を欠いている」とするとともに、アイヌ民族を法律で先住民族と位置付け、差別を禁じたアイヌ施策推進法(アイヌ新法、2019年制定)の趣旨を逸脱しており、「当時の考えを改めていないのであれば、政府や立法府の一員が自ら定めた法律をないがしろにしているに等しい」と指弾する。

問われる政党の姿勢

「上司である松本剛明《まつもとたけあき》総務相に指示されて、ようやく、渋々の方向転換である」で始まるのは信濃毎日新聞（12月3日付）の社説。杉田氏が性的少数者やアイヌを巡る過去の表現について、国会の委員会審議で謝罪し撤回したことを紹介したうえで、「謝罪と撤回は当然として、その先が大事になる。差別発言が許容されてきた土壌にも、目を凝らさなくてはいけない」とする。

杉田氏の言動を「まともに取り上げるのがはばかられるような誹謗中傷《ひぼうちゅうしょう》の類いだ」と斬り捨て、返す刀で「それなのに党内でとがめられるどころか、評価されてきたふしさえある。昨年の衆院選でも杉田氏は党の比例代表名簿の当選圏内に置かれ、再選を果たしている」と、所属政党の姿勢に疑問を呈し、「性的少数者の権利保障やジェンダー平等に後ろ向きな保守派を中心に、党内で一定の共感を得ているのではないか。だとすれば問題の根は深い」と追及の手を緩めない。

「多様性の尊重という岸田内閣の方針の逆を行っている」ことに加え、全体の奉仕者であるべき国会議員、さらには「高い人権意識と広い視野が求められる」内閣の一員として、「謝罪と撤回をしたからといって、過去に発言した事実が消えるわけではない。岸田首相の任命責任は重い」とする。

「女性の経済的自立」という甘言には要注意

山際大志郎前経済再生相、葉梨康弘《はなしやすひろ》前法相、寺田稔《てらだみのる》総務相の更迭的辞任劇だけでも任命責任が問われるのに、杉田問題でも任命責任が問われている岸田首相は、12月3日に都内で開催された、ジェンダー平等への課題や女性活躍の取り組みを議論する政府のシンポジウム「国際女性会議WAW!」の開会式で、「女性の経済的自立は（政権が掲げる）『新しい資本主義』の中核だ」と述べ、すべての分野で女性の視点をとり入れた政策づくりを進める考えを強調した。

ところが、世界経済フォーラム（WEF）が2022年7月に公表した2022年版「ジェンダーギャップ報告書」において、男女格差を測るジェンダーギャップ指数（「経済」「教育」「健康」「政治」の4つの分野のデータから作成され、0が完全不平等、1が完全平等を示す）を見ると、日本の総合スコアは0・650、順位は146か国中116位（前回は156か国中120位）。前回と比べて、スコア、順位ともにほぼ横ばい。先進国の中で最低レベル、アジア諸国の中で韓国や中国、ASEAN諸国より低い結果となっている。

何のためらいもなく、杉田氏の総務政務官任用を「適材適所」と言ってのける人が発する「女性の経済的自立」という甘言には要注意。なぜなら、いつでもクビが切れる、安価で従順な、使い勝手の良い労働力として、女性をかり出すための方便としか思えないからだ。

「農業女子」という言葉が死語となる未来

山形新聞（12月1日付）の社説は、山形県において農林業の担い手の育成・確保が順調に進んでいることを「最近の明るい材料の一つ」として伝えている。

2022年5月末までの1年間に、同県内で新たに農業に就いた人（新規就農者）は前年より増えて358人。19

85年の調査開始以降、最多を更新し、7年連続で東北トップ。「新規就農には農機具の準備など初期投資の負担が障壁になりやすいが、県はそれぞれの事情に合わせたオーダーメード型の支援などを行っている。そうした側面は背景にあろう」と分析する。

さらに注目すべきは、女性の新規就農者数が21年度目標60人に対して94人に上っていることだ。これについても「各種の行政支援に加え、農業法人の増加に伴い女性の働く場が増え労働環境が改善されつつあることも一因に挙げられる」と分析し、「担い手人材の育成・確保に関するこうした流れを拡大・定着させたい」としている。

「農水省の『農業女子プロジェクト』が10年目に入った」で始まる日本農業新聞（12月3日付）の論説は、「農業を活性化するには、従来にない発想や知恵が欠かせない。そのためには性差や年齢に偏りがない多様な担い手が活躍できる環境を整えることが重要だ。いずれ『農業女子』という言葉がなくなり、誰もが『個』として輝くこと。そんな未来を目指そう」と、格調高く締めている。

農業に関わる一人ひとりが、懸命かつ賢明に自らの個性を磨きあげていく先に、そんな未来が待っている。

「地方の眼力」なめんなよ

（2022・12・14）

ニセ情報にご用心

ＮＨＫの最高意思決定機関である経営委員会は、12月5日に前田《まえだ》晃伸《てるのぶ》会長の後任に日銀の元理事の稲葉《いなば》延雄《のぶお》氏を任命することを全員一致で決めた。

NHK会長の選出方法に異議あり

「ほかに誰が候補として挙がり、どんな議論を経てこの人に決まったのか、まるで分からない」で始まる信濃毎日新聞（12月7日付）の社説は、「放送や報道の仕事に携わった経験がない稲葉氏に、公共放送、報道機関としてのNHKのあり方にどこまで深い考えがあるのか。何より肝心なところが見えない」と、この人事に疑問符を打つ。

さらに、「岸田文雄首相は既に先月下旬、自民党の麻生太郎副総裁に稲葉氏を起用する意向を伝えている。別の経済人の起用を探る動きもあった党幹部らへの根回しを済ませた上で、経営委による選出の手続きを踏んだにすぎない」と、「政治の介入」を憤る。

今回の会長選出をめぐっては、市民団体「市民とともに歩み自立したNHK会長を求める会」が、前川喜平氏（現代教育行政研究会代表、元文科省事務次官）を推薦し、4万4千筆余の賛同署名を経営委員会に提出したことを紹介し、「NHKは国営放送ではない。市民が受信料によって支える公共放送だ。政府が会長の事実上の選任権を持つ現状は改めなければならない。公募・推薦制を取り入れ、候補者への公聴会を開くなど、手続きを密室に閉ざさず、透明化することが欠かせない」と訴える。

不偏不党の姿勢が貫けますか

東京新聞（12月9日付）の社説は、森下俊三《もりしたしゅんぞう》経営委員長（NTT西日本元社長）が「自主性・自律性が必要とされる日銀で長年、日本経済の発展に貢献した」と人選理由を説明したことを取り上げ、「自主性や自律性はどの組織でも必要で、当たり前の条件だ。稲葉氏を選んだ理由としては具体性に乏しい」と皮肉る。

また、キャリアの大半が日銀であったことから、「政府がトップの任命権を握る組織の出身で報道分野での経験もない会長が、不偏不党の姿勢を貫く経営を指導できるのか疑問を持たざるを得ない」とするとともに、「同業他社との競合経験も少ないトップ」が、大胆なコスト削減を伴う受信料改革に向き合うことの限界にも言及している。

最後には、「国民のために存在するNHKがトップ人事を政府や経済界の都合だけで決めることは許されない。人選の詳細な理由や経緯、具体的な改革方針について、森下委員長と稲葉次期会長はあらためて国民に向けて説明すべきである」と宿題を出す。

毎日新聞（12月10日付）の社説は、「政権におもねることなく視聴者本位の番組作りに徹する。それこそが国民の信頼を得る唯一の道だということを忘れてはならない」と諭す。

NHKに限らず、不特定多数の受け手を対象に情報を発信するような媒体が、国民から信頼される存在でなければならないことには多言を要しない。しかし、それを覆すような驚くべき研究が防衛省で進められている。

世論工作を研究する防衛省

「防衛省が世論工作研究」の見出しは山陽新聞（12月10日付）の1面。

防衛省が人工知能（AI）技術を使い、交流サイト（SNS）で国内世論を誘導する工作の研究に着手したことを伝えている。

「インターネットで影響力がある『インフルエンサー』が、無意識のうちに同省に有利な情報を発信するように仕向け、防衛政策への支持を広げたり、有事で特定国への敵対心を醸成、国民の反戦・厭戦《えんせん》の機運を払拭したりするネット空間でのトレンドづくりを目標としている」とのこと。

この手口、一般の投稿を装い宣伝する「ステルスマーケティング（ステマ）」と重なるが、ステマ同様「違法性はない」とする防衛省に対して、「研究であったとしても、憲法が保障する個人の尊重（13条）や思想・良心の自由（19条）

に抵触する懸念があり、丁寧な説明が求められる」としている。

「ソフトな思想統制につながりかねない」との批判が政府関係者から出ているが、他方では「表面化していないが各国の国防、情報当局が反戦や厭戦の世論を封じ込めるためにやっていることだ」として、「日本も取り組むべきだ」という政府関係者もいるとのこと。

解説記事では、「防衛省・自衛隊による世論誘導工作は、軍事組織が国民の内心の領域に知らぬ間に直接介入する危うさをはらむ。戦前・戦中には『大本営発表』のように、軍部が都合がいい情報だけを流し国民を欺いた。無謀な戦争に突き進み、国を滅ぼした反省を忘れてはならない」と警鐘を鳴らしている。

政治を覆う怪しげな論理

信濃毎日新聞（12月13日付）の社説は、「ステマは、うその評価で消費者を欺く手法だ。国防という重要政策で思想・良心の自由を侵しかねない工作を、商行為と一緒くたにするなど言語道断だ」と怒りを隠さない。

政府関係者が「戦況をどう発表するかは相手との情報戦だ。うそはつかなくても、国民に明かせない部分は大きくなる」と認めていることからも、「世論工作が加われば、真偽を見極めるのは、ほとんど不可能になるだろう。手法こそ違っても、全滅を『玉砕』、撤退を『転進』と美化し、戦果を誇大に発表してうそで塗り固めた『大本営発表』をほうふつさせる」とズバリの指摘。

「厳しさを増す安保環境を名分に専守防衛を逸脱する装備の導入を次々に打ち出してもきた。『軍の論理』が政治を覆い、文民統制が揺らぎつつある現状が危うい」と、ここでも警鐘は鳴らされている。

狂気には正気で立ち向かう

この問題を俎上にあげ、「そこには主権者である国民を洗脳しコントロールしようとするあからさまな意図が露呈している」としたうえで、「しかし政権側はすでに静かに広範に国民を洗脳してきた」と指弾するのは前川喜平氏（東京新聞「本音のコラム」、12月11日付）。

「NHKをはじめとするメディアに介入し、学校の道徳教育や歴史・公民教育を支配し、Dappiなどというアカウントで SNSを掻《か》き回す」という事例を示し、「国民よ、国に騙《だま》されるな。正気を保とう。自分で考えよう」と呼びかける。

洗脳集団とズブズブの連中なら、これくらいのことはするだろう。すべて織り込み済み。狂気には正気で立ち向かう。当コラム、真偽を見極める眼力を鍛え、書くべきことを書き続ける。「地方の眼力」なめんなよ

（2022・12・21）

急募！意欲ある町村議員

12月21日付の新聞各紙は、厚生労働省の人口動態統計から、今年1月から10月の間に生まれた赤ちゃんの数が速報値で前年同期比4・8%減となり、12月まで傾向が変わらなければ77万人台の可能性があることを報じている。統計開始以来最少で、国の想定を超えるペースで少子化が進んでいる。

「奇跡のまち」を支える町会議員

東京新聞（12月21日付）は、冒頭で紹介した記事の最後に、女性1人が生涯に産む子どもの推定人数「合計特殊出生率」が21年は1・30で6年連続減となったことを記している。

合計特殊出生率といえば、２０１２年4月に「子育て応援宣言」をした岡山県奈義町《なぎちょう》は、19年の合計特殊出生率が2・95まで回復し、「奇跡のまち」として全国から注目されている。

日本経済新聞（10月20日付地域総合）によれば、同町の対策は高校生の就学支援（年13・5万円）、多子の保育料軽減など20項目以上がならび、在宅の育児支援（月1・5万円）まで幅広い層をカバーしている。それらから、「起死回生の目玉を打ち出したわけではなく、地域のニーズを住民参加型の施策に反映し、住民意識を高めながら少しずつ支援策を拡充する取り組み」と評している。

「住民要望を踏まえ10年、20年かけて経済的、精神的な支援を少しずつ増やした結果」と強調するのは、情報企画課の森安栄次《もりやすえいじ》参事。

同町がこれらの対策に本腰を入れたのは、合併の是非を問う住民投票に際し、埋没への危惧などから単独町制を決めた０２年からとのこと。議員定数削減など改革を断行して1億円以上の予算を捻出し、高齢者向け中心から若者・子育て世代向け施策を段階的に拡充し、全施策を人口維持に振り向ける姿勢を明確にしたことも紹介されている。

当コラム、先日、町会議員として「子育て応援宣言」時の町長に、同宣言を提案するとともに、中学校給食、放課後保育、高校生の通学支援などの実現に向けて意欲的な議員活動をしてきた方の話を聞く機会を得た。報告資料の中に、「議会の中では少数ですが、町民の皆さんの中では〝多数派〟、だと思って頑張っています」との言葉があった。議員のあるべき姿、と感銘した次第。

地域活性化や地方創生には、地域住民の中における〝多数派〟議員の存在が欠かせない。しかし、実態は質的にも数的にもそのような状況は後退の一途をたどっている。

成立した改正地方自治法の要点と課題

西日本新聞（12月11日付）が、地方議員の兼業規制を緩和する改正地方自治法が10日、参院本会議で成立したことを報じている。主たる改正点は、これまで自治体と取引のある個人事業主は議員を兼務できなかったが、年間取引額が300万円以下であれば容認することになったことである。記事では、人口減少と高齢化が進む中で、効果には限界があることを記している。

地方議員のなり手不足を解消するための議会制度改革は喫緊の要事であるが、総務省の有識者研究会が18年に提案した、「議員数を減らす『集中専門型』など新たな議会の姿」は、「地域の実情を踏まえていない」という地方側の見解により断念。今年1月発足の地方制度調査会では、会社員らの「立候補休暇制度」が候補にあがったが、今回の答申案では、企業への影響を考慮して法制化を見送ったこと。また、議会側の要望が根強い議員報酬の引き上げは「住民の理解を得ながら検討すべきだ」との考えを示すにとどめられたことなどが紹介されている。

地域社会の多様性を反映した議員構成をめざせ

中国新聞（12月19日付）の社説は、まずこの地方制度調査会による「多様な人材が参画し住民に開かれた地方議会の実現に向けた対応方策に関する答申（案）」（11月28日）を取り上げている。

「答申案が議会自らの改革を求めたのは、うなずける」としたうえで、「危機感が強い割に具体策は乏しい」とするとともに、「現役世代や女性、幅広い分野で経験や知見を持つ人が立候補できるよう、地方側が求めた企業の立候補休暇制度や、議員との兼業を可能にする対策は、政府に検討を促すにとどまり、物足りない」と低評価。

「60歳以上が大半で、町村議会では8割近くに上る。女性議員はようやく1割を超えた程度だ。子や親族などへの世襲も一定に見られる。中国地方は、これらがより顕著である」と、地域社会の多様性とかけ離れた現在の議員構成を俎上にあげ、「地方議会が現在のままでは、存在意義を問われかねない」と慨嘆する。

さらに、「首長の施策の追認機関」という根強い批判、根絶されない「政治とカネ」の問題、さらには女性議員へのハラスメント対策の遅れなどをあげ、地方議会への信頼までもが低下していることに言及し、「夜間や休日議会、法改正で制度化された通年会期制」を取り上げ、「地方議会はまず、できることから始めるべき」と提言する。

福島民報（12月20日付）の社説は、福島県内59市町村議会のうち13市に女性議員はいるものの、46町村のうち18町村はゼロで、女性議員が全体の1割にも満たないことを指摘する。加えて、大部分の市町村で平均年齢が60歳を超えていることから、「住民の多様な意見を政策に反映させる」状況にはないとして、「若い世代の声も聞くなどして適切な結論を導き出してほしい」と訴える。

議員報酬についても、46町村議の平均が21万3452円にとどまることから、議員としての志のある人材が積極的に立候補できるために、全国町村議会議長会が報酬引き上げに充てる交付税の上乗せ措置を、国に要望していることを記している。

この議員報酬と政務活動費で、誰に何を求めますか

愛媛新聞（12月16日付）の社説は、議会側から議員報酬引き上げを望む声が強いことに言及し、「それを実現するには議会の役割、活動に対し、住民の理解を得る努力が欠かせない」とする。

その努力を求めることは否定しないが、全国町村議会議長会・編「議員報酬・政務活動費の充実に向けた論点と手続

き（概要版）」（２０２２年２月）によれば、19年7月1日時点での町村議員の平均報酬額は21万５６５６円。政務活動費に至っては、９２６町村のうち交付町村は１９３町村（20・８％）。１人当たりの交付月額は９４２６円であった。

これで、意欲に満ちた町村議員のなり手が続々と出てくるとは、とうてい考えられない。

町村の大多数は第１次産業を基幹産業とする自治体である。第１次産業の再興のためにも、さらにはこの国が根腐れを起こさないためにも、意欲ある多様な議員たちが活躍できる条件整備が求められている。

「地方の眼力」なめんなよ

（２０２２・１２・２８）

「国防」とは壊国から守ること

「直面する歴史的な難局を乗り越え、わが国の未来を切り開くための予算」と、12月23日に閣議決定された２０２３年度の政府予算案を自画自賛するのは、もちろん岸田文雄首相。

防衛費拡大を疑え

一般会計の歳出総額が１１４兆円を超え、11年連続で過去最大。これに、12月初めに成立した一般会計規模が28兆円に上る本年度第２次補正予算の執行の大部分が来年度に回ることを考慮に入れ、「大盤振る舞いが過ぎるのではないか。財政規律の緩みは目に余る」と憤るのは、西日本新聞（12月25日付）の社説。

「歳出が膨らんだ最大要因は防衛費の増額である」としたうえで、「国債による財源調達は防衛費の際限ない拡大につながりかねない。再考すべきだ」としている。

当コラム、ここで社説子に問いたい。社説子が「再考すべきだ」とするものは、財源調達の方法か、それとも防衛費の拡大か。

確かに各種世論調査は、「防衛費の拡大やむなし」の傾向にある。しかし、ウクライナ侵攻から始まって、中国や北朝鮮の軍事的情報を、これでもかこれでもかと垂れ流されれば、この傾向も不思議ではない。情報操作で創りあげられたニセ民意を笠に着て、国民にも国会にも問うことなく財源論に直行する政治手法は民主的政治手法ではない。ゆえに、「防衛費の拡大から再考せよ」と訴えていることを願っている。

さて社説は、「予備費が本年度当初と同じ5兆円もの規模になったことも見過ごせない。政府の判断だけで支出でき、無駄遣いの温床との批判が根強い。財政規律の問題はここにも表れている」と、政権の意のままとなる財布の在り方にも言及する。

さらに、「来年度末の国債発行残高見込みは1068兆円となる。債務残高の国内総生産比は先進国で突出して高い。過度に国債に依存する財政運営は、金利が急上昇すれば維持できない。政府や国会はこのリスクを真剣に捉えるべきだ」と警鐘を鳴らす。

真の国防を問う

「国の政策について不快感とあきらめを感じる日々が続いています。安全保障は軍備だけではなく、エネルギー、食料の確保が欠けては成立しないことは、ウクライナで明らかにされました。1億2千万人の食料とエネルギーを全て自給することは究極的な目標ですが、耕作放棄地をなくし、農地転用により、巨大ショッピングモールを作らせることを止め、環境に負担をかけない営農技術の導入により、農地、林地を最大限活用するのは今しかないと考えます。また、『コンパクト・シティ』なる言葉も流行しているようです。中山間地から地方の中心市街地に移住させて効率的な行政サービスを提供するのだそうです。全くもって亡国の議論で不快です」とは、当コラムの愛読者K氏（ＪＡ関連団体職員）からのメッセージ。

日本農業新聞（12月26日付）で、山口《やまぐち》二郎《じろう》氏（法政大教授）は、国防を「狭義国防」（軍備増強で防衛力が強化できるという立場）と「広義国防」（経済的生産力を強化し、国民生活を安定させて国力を充実させることが防衛力の源泉とする立場）に分け、広義国防のあるべき姿についての議論の必要性を説いている。

そのうえで、「今や、日本人の所得は停滞し、円安も相まって、金に物を言わせるなどという話は遠い過去のものとなった」として、「自分が食べる基本的食料はなるべく自国で生産することこそ、安全保障の土台である」とする。

この観点から、２０２３年度の政府予算案を見ると、狭義国防に該当する防衛費は、過去最大の６兆８２１９億円（米軍再編経費などを含む）。22年度当初比１兆４２１４億円の大幅増。一方、広義国防の中核に位置する農林水産関係は２兆２６８３億円。22年度当初比94億円の減。両者の差は歴然としており、K氏が憂える亡国の国政が展開されている。

鈴木《すずき》宣弘《のぶひろ》氏（東京大大学院教授）もＪＡｃｏｍ＆農業協同組合新聞（12月21日付）で「お金を出せば食料と生産資材が海外から買える時代は終焉《しゅうえん》した。不測の事態に国民の命を守るのが『国防』というなら、国内農業振興こそが安全保障である。防衛費を5年で43兆円、1年間で今の2倍になるよう5兆円増やす議論の前に、財務省の縛りを打破して、食料にこそ5兆円の予算を付けられるようにするのが基本法改正でやるべきことだろう」と、「国防としての農業振興」について力説する。

壊国の気配

「今こそ、現下の政治を正さねばならない」との意を強くしたとき、目に入ってきたのが、「政治を正さなければ日本は良くならない　松下政経塾　松下幸之助」の大看板。これが掲げられているのは、仙台市にある秋葉賢也《あきばけんや》復興大臣の事務所。

毎日新聞（12月27日13時21分配信）によれば、秋葉氏は27日、首相官邸で岸田文雄首相に辞表を提出し、受理された。公職選挙法違反などの疑惑が指摘されており、事実上の更迭。

氏は首相との面会後、官邸で記者団の取材に応じ、首相に辞表を提出したことを説明。「政治とカネ」を巡る問題については「事実誤認に基づく報道があったのも事実だ。私自身に関することについては違法性は何一つなかったと思っている」と述べたそうだ。この期《ご》に及んでまだ白《しら》を切る「疑惑のコンビニエンスストア」。実質的更迭で終わったわけではない。白を切っている以上、白黒を付けるまでやるしかない。

さらに、共同通信（12月27日13時27分配信）が、性的少数者を巡る過去の不適切な表現が批判された杉田水脈総務政務官（衆院比例中国）も続いて辞表を提出したことを伝えている。こんな連中しか大与党にいないとすれば、この国は自壊すわち壊国間近。

いい機会だから明らかにしておく。杉田氏が２０２１年の衆院選で比例中国ブロック単独で立候補した時、中国地方某県でＪＡの女性組織を長年リードしてきた方に、「女性はいくらでもうそをつけますから」というような発言の主は、「みなさんのこれまでの運動と相容れない方だが、それでも支持するのですか」という趣旨の疑問を投げかけた。

大与党の熱烈支持者であるその方の答えは、「党の上の方が決めたこと。杉田さんの言動には疑問を感じていたが、直接話を聞き、まずは彼女の弁明を受け入れた」といった内容。思わず手に持っていたスプーンを投げ出した。わかるかな？

大政翼賛に与《くみ》せぬ覚悟

「忖度が浸透して、金子勝《かねこまさる》、浜矩子《はまのりこ》、田代洋一《たしろよういち》といった論客たちの名が見られなくなってきました。農業関係の報道も、もうかる農業一色。鈴木宣弘さんが頑張っていますが、これも危うい。小松先生もご用心ください。大政翼賛とはこういうことか、と思いつつ…の日々です」とは、今年逝去された山下惣一氏（農民作家）からの賀状の一節（平成30年1月10日の消印）。

ハイ！　前から来る弾だけではなく、後ろから来る弾にも気を付けて書き続けます。お守りください。

「地方の眼力」なめんなよ

（2023・1・11）

統一地方選の意味

2023年度を初年とする5カ年の総合戦略である「デジタル田園都市国家構想総合戦略」が、2022年12月23日に閣議決定された。これは岸田政権における看板政策のひとつで、地域活性化策の柱に位置付けられている。

期待されていない「デジタル田園都市国家構想」

ところが、東京新聞（2023年1月3日付）は、日本世論調査会が2022年11月8日から12月19日までに行った、今年4月に行われる統一地方選に関する全国郵送世論調査（有効回答数1815）から、この国家構想が多くの国民に期待されていないことを伝えている。

「デジタル田園都市国家構想」が地域活性化に結びつくと期待しているかを問われて、「期待する」5%、「どちらかといえば期待する」31%、「どちらかといえば期待しない」41%、「期待しない」21%。大別すれば、「期待する」36%、「期待しない」62%と、期待薄という心情がありありと出ている。

「国民から見て、目指す国家像が分かりにくいのではないか。まさに木に竹を接ぐような名称の通りである」で始まる西日本新聞（1月10日付）の社説は、「国家構想という割には全体を貫く理念が伝わってこない。端的に言えば、地方創生の焼き直しである」と正鵠《せいこく》を射る。

「リモートワークが増え、地方移住にプラスの効果がある」としても、「進学や就職で若年層が東京圏へ移動する流れは変わらない」、また「結婚や子育ての現状も、今回の総合戦略で変えられる範囲は一部に過ぎない」と冷静に分析し、「デジタルの力で解決できると説くのはかなり無理がある」と結論付ける。

政府が、地方創生の総合戦略を改め、自治体にも地方版総合戦略の策定を促すことから、「各自治体は、はかばかしい成果を上げられなかった地方創生の反省を踏まえ、総合戦略を検討すべきだ」とする。加えて、「自治体の政策の起点は住民の暮らしであり、政府の方針ではない」とクギを刺す。

東京新聞（1月10日付）の社説も、「国が利便性を押し付けるのではなく、都市部の人々が移住したいと思えるよう地域の魅力を引き出す政策こそが必要ではないか」として、「単に東京と地方とをデジタルで結べば済むという話ではない。政府はいま一度自治体の声に誠実に耳を傾け、地域の実情に応じて計画を練り直すべきではないか」と苦言を呈する。

「地方創生や東京一極集中是正」は争点にならないのか

地方創生や東京一極集中是正は、国土の保全や均衡ある発展の観点から極めて重要な課題である。しかし、国民の関心が薄いことも同世論調査が教えている。

4月の統一地方選への関心について、「大いに関心がある」14％、「ある程度関心がある」46％、「あまり関心がない」33％、「全く関心がない」7％。大別すれば、「関心あり」60％、「関心なし」40％ということで、地方選への関心はある。問題は争点である。

統一地方選の争点にするべき課題（12項目のうち二選択可）で、最も多いのが「景気や物価、雇用」63％。これに「社会保障（医療や介護など）」33％、「教育や子育て支援」20％が続いている。「地方創生や東京一極集中是正」はわずか5％で9番目。地方の基幹産業ともいえる「農林水産業」に至っては3％しかなく12番目。

もちろん現下の社会経済情勢で、多くの人びとの家計が圧迫され、社会保障や、教育や子育てなどに不安をかかえていることを反映したものであろう。だとしてもこの関心の低さは問題である。地方の住民や自治体が当事者として物申さなければ、地方の凋落《ちょうらく》に歯止めをかけることは難しい。

「住民参加と公開」が議会改革の要諦

「議会不要論を唱えたり、嘆いたりするばかりでは何も変わらない。議員は住民が税金を出し合い雇っている。議会の危機は、主権者である住民の問題でもある」として、統一地方選を「議会に目を向けるきっかけにしよう。そこから

『私たちの議会』を私たちの手で使いこなす機運を高めたい」と訴えるのは西日本新聞（1月3日付）の社説。

高校生から通学環境の改善に関する請願を受けた長野県松本市議会が、生徒を委員会に招き、質疑応答を重ねて採択したことを紹介し、「こうした経験は主権者意識を育む。議会にとっても若い世代とのやりとりは刺激になったはずだ」として、「住民参加と公開」を議会改革の要諦《ようてい》にあげる。

そして「新型コロナ禍や物価高で地域の暮らしが傷んでいる今こそ、議会の『聞く力』の発揮しどころだ。地方議会が本来の機能を果たす姿は『私たちの地域は私たちで治める』という言葉に象徴される住民自治の実践そのものだ」とするとともに、わが国に限らず民主主義が危機に直面しているという時代だからこそ、「議会を活用した住民自治は足元から民主主義を強くする意義を帯びる」と、格調高く締める。

問われるあなたの眼力

冒頭から取り上げている世論調査は、最初に「地方政治を含めた、今の日本の政治」について問うている。

結果は、「満足している」1％、「どちらかといえば満足している」17％、「どちらかといえば満足していない」47％、「満足していない」35％。大別すれば、「満足」18％、「不満足」82％と、極めて多くの人が不満の意を表明している。

民主主義国家において、この不満を解消する手段のひとつが、選挙であることはいうまでもない。

不満を解消したければ、この手段を行使するしかない。行使したからといって、事態が即座に好転する保証はない。しかし、行使しなければ、事態は確実に悪化する。

同世論調査では、統一地方選の投票時に候補者と旧統一協会の関係を考慮するかを問うている。

結果は、「大いに考慮する」41％、「ある程度考慮する」40％、「あまり考慮しない」14％、「全く考慮しない」3％。大別すれば、「考慮する」81％、「考慮しない」17％。

「考慮する」とした理由について、最も多いのが「旧統一協会が政治に影響を与えるのを回避したい」51%、これに「関係ある候補者への投票は旧統一協会の容認だから」28%が続いている。

これを、「当然の結果」と安心してはいけない。われわれの想像以上に、多くの地方議会は、広く、そして深く汚染されている。

今回の統一地方選ほど、有権者の眼力が問われる選挙はない。まさにこう唱えつつ、清き一票を投じよう。「地方の眼力」なめんなよ

（2023・1・18）

揺らぐ地域社会のセーフティーネット

高齢者や障害のある方、子育てや介護をしている方等、様々な相談に応じる、地域の身近な相談相手、民生委員。誰もが安心して生活できる地域づくりの仕組みの一つ民生委員制度は、1917（大正6）年に岡山県で創設された「済世《さいせい》顧問《こもん》制度」がその起源とされています。（岡山県HPより）

民生委員制度に暗雲

民生委員制度は、日々平穏にくらしていくことに多様な障害を抱える人びとの相談を受け、支援機関につないだりする地域社会のセーフネットである。厚生労働大臣が委嘱する非常勤の特別公務員で無報酬だが、活動費として1人年6

万200円が国から自治体に交付される。具体的な支給額は自治体によって異なっている。なお、子育て家庭を支援する児童委員も兼ねている。

地味で、必ずしも広く国民に知られている制度ではないが、重要な役割を担っている同制度が、今揺らいでいる。

1月13日厚生労働省は、全国の民生委員・児童委員について、昨年12月1日の一斉改選により、22万5356人が新たに委嘱されたことを公表した。ただし、定数は24万547人であるため、欠員が1万5191人。これは戦後最多の欠員数とのこと。

都道府県別（政令指定都市と中核市は除く）に見ると、充足率が最低は沖縄県で74・4％。最高は富山県で99・8％。

欠員が増えている要因としては、民生委員自体の高齢化や、60歳を過ぎても働く人が増えていること、さらには地域課題の複雑化に伴う業務負担の増加などが指摘されている。

時代にあった「ゆいまーる」の必要性

沖縄県の充足率が最低であることに危機感を覚える琉球新報（1月16日付）の社説は、「沖縄に根付く相互扶助『ゆいまーる』の精神だけでは追い付かない。民生委員に対する行政支援を含め、時代に合った『ゆいまーる』を社会制度として再構築すべきだ」と提言する。

「なり手確保のアイデアを若者に出してもらい、次代のなり手確保につなげる試み」として、大学生を対象に民生委員活動体験を実施した神戸市の取り組みや、地区で活動する約100人の委員全員にタブレット端末を貸与し、効率化を進める石川県野々市《ののいち》市などの取り組みを紹介する。

「民生委員の確保は、長い目で見れば地域社会を再構築する取り組みだ。人材確保へ自治体の積極支援を望む」としたうえで、「実情に応じて企業や社会福祉法人に担い手を広げるといった柔軟な対応が求められる」（上野谷加代子《うえのやかよこ》・同志社大学名誉教授）の指摘を引き、個人の善意に頼る現状から視野を広げることを意識し、高齢者の見守り事業などを実施する企業などとのネットワーク化を示唆している。

速やかに対策を講じる

愛媛県は充足率99・6％で今のところ問題は顕在化していないが、愛媛新聞（1月16日付）の社説は、「今のうちから対策を講じておく必要があろう」と引き締める。

全国民生委員児童委員連合会が昨年3月に行った調査で、役割や活動内容まで知っている人が5・4％にとどまったことを取り上げ、鍵を握るのは「認知度の向上」として若者へのPRなどを提案する。加えて、会議へのオンライン参加、タブレット端末貸与により活動記録のデジタル化、複数の委員で同じ地域を受け持つ、OBによるサポート、などによる負担軽減策も示している。

そして、「加入率低下などで自治会そのものが揺らぎ、民生委員制度に影を落とす側面もある。孤立や孤独など地域課題が複雑化するなか、支援の網からこぼれる人を出さないことが重要だ」として、国や自治体に対して制度の維持に全力をあげることを求めている。

民生委員協力員制度

福島民友新聞（1月17日付）の社説によれば、「南相馬市や川俣町などでは『民生委員協力員』を設置し、民生委員の活動を補佐する取り組みが行われている。協力員は身近な場所で見守り活動をしたり、地域で変わったことがあれば民生委員に情報を提供したりする。協力員は、自治体や地域の社会福祉協議会などが委嘱しており、なり手も民生委員

ＯＢや町内会役員などさまざまだ。こういった支援体制があれば民生委員の心身の負担軽減につながる」と、県内における興味深い取り組みを紹介し、他の自治体への広がりに期待を寄せている。

さらに、「地域のつながりが希薄化する中、助け合いの仕組みを未来にわたってつなげていくためには、教育現場などで若者たちに制度の意義や必要性を伝えていくことも大切だ」と提言する。

子ども民生委員の誕生

福島民友新聞の提言を実践しているのが鹿児島県日置《ひおき》市。

南日本新聞（1月13日付）は、「子ども民生委員」の誕生と、10日の発足式および委嘱状交付式の模様などを伝えている。

きっかけは、昨年7月の市の子ども議会で、地域の民生委員や子どもたちと2019年7月から週1回、高齢者のごみ出しを手伝っている伊集院《いじゅういん》小学校6年の中原璃久《なかはらりく》君が、「高齢者は子どもたちに得意な趣味などを教えれば、やりがいを感じる。会話したり体を動かしたりすることが、体の機能が衰える『フレイル』の予防に役立つのでは。僕たちも将来の勉強になる」と熱弁を振るったこと。これに感心した永山由高《ながやまよしたか》市長が、担当課職員とごみ出し支援の現場を視察するなどして発足準備を進め、同自治会で「子どもお助け隊」として活動する小学2年から中学2年の14人に委嘱した。

「ごみ出しや途中のごみ拾いなど、自分たちができることを続けていきたい」とは代表の中原君。

「地域ぐるみの支え合いの輪が、さらに広がることを期待する」とは永山市長。

必要な丈夫で多様なセーフティーネット

済世とは、世の人を救い助けること。今、さまざまな困難にあえぐ人びとを救い助ける多様なセーフティーネットが求められている。一世紀以上の歴史を有する民生委員制度の存在意義の大きさに改めて気付かされた。ほころんでいるセーフティーネットは繕い、丈夫で多様なネットが幾重にも重なり合うことが不可欠。誰一人、網の目からこぼれ落とさぬために。

「地方の眼力」なめんなよ

（2023・1・25）

異次元改め低次元の少子化対策

「このままじゃ徴兵される孫を見る」（吹田・のんさん。「仲畑流万能川柳」毎日新聞1月8日付）。そうか！「異次元」の少子化対策とは、兵士づくりのためなのか。

これで良いのか備前市役所

「無料だった保育料や給食費が、マイナンバーカードがないことを理由に有料」の方針を示した岡山県備前市が揺れている。

毎日新聞（1月25日付）によれば、同市は2016年度に1、2歳児の保育料を無償化し、17年度からは0歳児にも対象を広げた。22年度には小中学校の給食費、工作や理科に使う学用品の一部も無償とした。これは、少子化対策の一環として移住者を呼び込むための目玉施策に位置付けられている。

ところが市教委は22年12月16日付で、保育園や小中学校を通じ「デジタル社会の構築に必要なツールであり、カードを全市民が取得することを目指している」として、23年度以降の無償化適用は世帯全員分のカード取得を条件とすることを通知した。これによって、取得しない世帯は保育料や給食費が有料となる。

同日の市議会厚生文教委員会では、複数の委員から「（カード普及と無償化は）目的が違う」「無償化という優れた制度が台無しになる」などの反対意見が出たそうだ。

市の方針を「脅迫状のようなものだ。家計を考え、やむを得ずカード取得を選ぶこともあるだろう」と憤るのは、ふたりの対象児童を育てる東京からの移住者。

「取得していないと（行政サービスを）受けられないのは、明らかに行き過ぎだ。市は勇み足を認めて、撤回すべきだ」と批判するのは、尾木直樹《おぎなおき》氏（教育評論家）。

それで良いのか農水役人

「保育料などに特化したわけではなく、ほかの行政サービスでも進めていく予定」（備前市広聴広報課）とのことだから、問題はこれだけには止まらない。

東京新聞（1月19日付）によれば、「ほかの行政サービス」とは、「農業・漁業者が対象の資材価格等高騰対策の補助金」のこと。

中西裕康《なかにしひろやす》市議は「教育をはじめ行政サービスは公平性が求められるのに、大きな問題だ」と批判し、「いくら良い施策をつくっても、任意取得のマイナカードで市民を線引きするのは、とんでもない話だ」と訴えている。

この問題についてコメントを求められた農林水産省飼料課は、「カード取得を条件にするようには指導していない。良いかどうかは判断しかねる」と回答したそうだ。

はぁ？　それで良いんですか農水省。この補助金は、資材価格などの高騰に困っている農業・漁業者を救済するためのもの。その支給先を、市が勝手に選別して良いはずがない。「可及的速やかに渡すべし」と、なぜ言えない。霞ヶ関にも腰抜けばかり。

自治体や省庁に、このような愚かな対応をさせているのは、政府が昨年6月に閣議決定した「デジタル田園都市国家構想」の基本方針で、マイナカードの交付率を地方交付税の算定に反映させる、と愚かなことに言及したからだ。

しかし、市民の「今」に耳をそばだて目を凝らし、市民生活を悪化させるような愚かな政府の方針に対しては、苦言を呈し、ことによっては叛旗《はんき》を翻してこそ自治体。その程度のプライドと責任感を持たない自治体には、「他」治体の看板を掲げることをおすすめする。

手順が異次元、内容は低次元

岸田文雄首相は1月23日の施政方針演説で、「急速に進展する少子化により、昨年の出生数は80万人を割り込むと見込まれ、我が国は、社会機能を維持できるかどうかの瀬戸際と呼ぶべき状況に置かれています。こども・子育て政策への対応は、待ったなしの先送りの許されない課題です。こどもファーストの経済社会を作り上げ、出生率を反転させなければなりません」と力んだ。

問題はその後。「検討に当たって、何よりも優先されるべきは、当事者の声です。まずは、私自身、全国各地で、こども・子育ての『当事者』である、お父さん、お母さん、子育てサービスの現場の方、若い世代の方々の意見を徹底的にお伺いするところから始めます」と語った。これには驚いた、と言うよりも、ずっこけました。「異次元」改め「次元の異なる」と大仰《おおぎょう》にかましてくるから、何を言うかと思ったら、今から「当事者の声」を聞くとは、今からかい！　手順が違うだろ、手順が。そうです、この人の手順が異次元、内容は低次元。

だから子どもは産めません

首相の演説に、拍子抜けした様子を伝えているのは次の二紙。

「首相肝いりの『新しい資本主義』では少子化対策が焦点となる。だが、肝心の財源については具体的に触れなかった。4月の統一地方選への影響を回避したい思惑が透ける」（愛媛新聞・社説、1月24日付）。

「異次元の少子化対策は、言葉は踊るが財源には触れずじまいだった」（福島民報・社説、1月24日付）。

鋭く斬り込むのは次の二紙。

沖縄タイムス（1月24日付）の社説は、「少子化対策はもう何年も前から待ったなしの状況である。予算倍増も支持する。ただ注視しなければならないのは、子育て支援という国民が反対しづらい政策と一緒に増税議論が展開されることである。自民党の一部から上がっている消費増税による『子育て支援』は本末転倒だ」と、クギを刺す。

信濃毎日新聞（1月24日付）の社説は、少子化対策に関する首相の「状況認識と対策の必要性に異存はない」とした上で、「だが首相がこれまで、少子化対策で周到に準備してきた形跡はない。力点を置き始めたのは年頭の記者会見からだ。霞が関には『寝耳に水』との声も広がった」と内実を示す。そして、「政府は児童手当の拡充を念頭に検討する構えだが、少子化は金銭面の支援だけで解決できる問題ではない。働き方や東京一極集中など、社会経済の在り方に広く関係する。曖昧な方針をにわかに掲げて議論が深まるだろうか。『倍増する』としてきた財源の方向性も示していない。春の統一地方選以降となる見通しだ。国民の負担増につながる議論を選挙後に先送りしていては、アピール優先と言われても仕方ない」と、図星《ずぼし》の指摘。

多くの人は、この国で喜んで子を産み育てる気にはならないはず。だって、この国は、戦争への道を歩み始めたんだから。

「地方の眼力」なめんなよ

（２０２３・２・１）

挑戦する地方と変わるべきもの

1月31日7時台のNHK「おはよう日本」。この日閉店する東京都渋谷区にある某百貨店のことを6分30秒も放送。ローカルニュースでおやりなさい。国民に対して知らせねばならぬ情報は山積している。

夏が来なくても心に残る尾瀬高校

「夏がくれば 思い出す はるかな尾瀬《おぜ》 遠い空」の歌い出しで親しまれているのは『夏の思い出』。

上毛《じょうもう》新聞（1月28日付）には、坂田雅子《さかたまさこ》氏（映画監督。群馬県みなかみ町在住）が、群馬県立尾瀬高校自然環境科を訪問し、そこに学ぶ生徒たちの声を紹介している。

尾瀬高校の全校生徒は現在１２８人で、うち自然環境科は76人。その半分が尾瀬のある沼田市以外からとのこと。

生徒たちがこの学校を選ぶ理由は、何と言っても自然が好きなこと。

「子どもの時から昆虫が大好きで、テレビでこの学校を知り、ぜひ入学したいと思った。まわりの自然の豊かさが最高」（茨城県出身）。

「野鳥が好きでこの学校を選んだ。個性的な友達が多く、鳥や自然の話に共感してくれるのがうれしい」（群馬県出身）。

「母親の勧めで入学した。親元を離れることに少し迷ったが、自立して掃除や洗濯をすることに喜びを感じている」（群馬県出身）。

授業も少人数なので発言しやすく、地域の自然を理解し、自分で調査し、それを伝えていくことを学んでいる。

「この日話を聞いた8人は口々に、いかに素晴らしい高校生活を送っているかを教えてくれた。私は自らの、遠い昔の、あまり楽しくなかった高校時代を思い出し、心からうらやましく思った」とは坂田氏。

「3年を通して生徒を見ていると、山奥での生活を通して生徒が変わっていくのが分かる。それは学力がつくというのではなく、人間力がつき、たくましくなる。3年間の生活でとんがりがなくなり、優しくなる。これは偏差値や数字では表せない成長だ」と語るのは担当の星野教諭。

生徒たちの多くが自然や環境関係の仕事に進みたいと、将来の夢を語ってくれたことから、坂田氏は「彼らの輝く瞳に私は希望を見た。私たちの身近にある若者たちの思いに、大人も大いに学ぶことがありそうだ」と記している。

「一筆啓上賞」が示す地方の挑戦

「一筆啓上賞の〝挑戦〟時代に抗う地方発の文化」という見出しの論説は福井新聞（1月30日付）。

「この賞は、街おこしの先進例として長く続いている。なぜこの賞は、毎年数万件も応募があって多くの人の支持を得ているか。なぜ人を惹きつけるのか。選考委員に理由がおわかりなら教えてほしい」とは、福井県坂井市丸岡町で1

月20日に行われた「日本一短い手紙　一筆啓上賞」の入賞発表式で、選考委員に参加者から出された質問である。

選考委員のひとりである佐々木幹郎《ささきみきろう》氏（詩人）は、「本名で書いて、宛先もはっきりしている。そして手書きの短い言葉、これが（一筆啓上賞が）長続きする理由です」と答えている。

論説子は、「応募数の約4分の1が県内からの作品、しかも地元坂井市を中心に小中高生からの応募が多い」ことから、「県民の支え」を長続きの理由にあげている。

旧丸岡町が1993年に始めたこの賞。当時、隣県に住んでいた当コラム、「さすが丸岡町。味なことをやるなぁ」と感心したことを思いだす。30回を数える今回の設定テーマは「挑戦（チャレンジ）」。

大賞に選ばれたのは「すやませんせいへ　ちゃれんじってなんですか。ぷーるにおもいきってかおをつけたこともちゃれんじですか」（坂井市立春江東小学校1年生）。

400年ほど前に、戦国武将本多重次《ほんだしげつぐ》が息子仙千代《せんちよ》、後の初代丸岡藩主本多成重《なりしげ》のために送ったのが「一筆啓上　火の用心　お仙泣かすな　馬肥やせ」。そこから「一筆啓上」の発信地として始まったこの賞が、平成の大合併を経ても継続されていることに改めて敬意を表したい。

OECDが注目する山形県の農村地域

「郷土の暮らしがどのように維持されてきたか、私たちは普段あまり意識しないかもしれない。だが今月、その営みが国際的に注目された」で始まるのは山形新聞（1月27日付）の社説。

欧米や日本など38カ国で構成する経済協力開発機構（OECD）の専門グループが、世界5カ国での調査の一環で、山形県の農村地域に関心を抱き、朝日町や酒田市、鶴岡市、鮭川村《さけがわむら》に入った。

キーワードは「農村部のイノベーション（革新）」。農村部の持続的発展を目指すイノベーションの在り方を切り口に調査に当たっており、「地域資源を活用して持続的な発展を目指す」同県の農村づくりに着目したそうだ。

ヒアリングでは、地域の活動を支えてきた元県職員の高橋信博《たかはしのぶひろ》氏が、事例に基づき「地域に創造力を生み出すには、地域住民の関心とやる気が重要」と強調。伝統の保全と地域イノベーションの関係を問われて、「地域にとって通常の風景であっても、都市部から見れば非日常であり、そこに価値が生まれる」と答えている。

本当に変わるべきは我々

山形新聞のこの社説は、同紙が1月から、県内の過疎集落に記者が入り込んで、住民目線で価値を再発見し地域課題と向き合う連載企画「地域に生きる〜こちら移動支局」を始めていることも伝えている。第1弾は月山《がっさん》北麓に位置する戸沢村角川《とざわむらつのかわ》地区。70年ほど前に比べ人口が4分の1に減り、高齢化が進む中でも「講」などの伝統を大切にし、外部の若い力も取り入れている様子を伝えている。

ＯＥＣＤの調査が切り口とする「持続的発展を目指すイノベーション」と、この連載企画がどう結び付くのか興味深い。

先走ったことを言わせていただくと、この地区の営農と生活、そして伝統文化や厳しくも豊かな自然を残し続けるために、いかなる視点、どの程度の改善や改良が必要なのかを第一に考えるべきである。発展や成長、ましてイノベーションなどを意識することも目指すことも必要ない。

取り巻く環境が激変する中で、残し続けて後世に渡すだけで十分。なぜなら、本当に変わるべきは我々だから。

「地方の眼力」なめんなよ

「女性ゼロ議会」が鳴らす警鐘

（2023・2・8）

育児や介護などの理由で出席できない議員を想定し、総務省は2月7日、地方議会の本会議で、自治体の活動全体をただす「一般質問」をオンラインで実施するのは可能との見解を初めて公表した。しかし条例制定など議案の採決や、関連質疑は従来通り認めないとのこと。

必要な地方議会の全面オンライン化

これを受けて東京新聞（2月8日付）は、本会議をめぐって、全面オンライン化を求める声が高まっていることを伝えている。主たる理由としては、感染症流行や大規模災害が起きれば議員が議場に集まるのが難しいこと。これに加えて、議員活動と子育ての両立がしやすくなり、なり手不足の解消につながるとの意見を紹介している。

永野裕子《ながのひろこ》氏（東京都豊島区議、地方議員らでつくる「子育て議員連盟」共同代表）は、総務省の対応は不十分であり、「重要な施策を決める採決にオンラインで加われるよう、さらに検討していくべきだ」と訴えている。

解消すべき「女性ゼロ議会」

共同通信（2月5日6時配信）は、同社の調査に基づき「都道府県と市区町村の全1788地方議会のうち、女性議員がいない『女性ゼロ議会』が2022年11月1日時点で257あり、全体の14・3％を占める」ことを伝えている。

２０２２年11月から２３年１月にかけて全地方議会議長へのアンケート調査で、１７８３議会が回答。無回答の議会については女性議員数などを個別に取材。

女性が１人しかいない議会は４３７で、「女性ゼロ議会」と合わせると38・8％に上る。全在職議員の女性割合は15・4％、現職議長が女性の議会はわずか４・２％。女性ゼロ議会は市が23、町は１６４、村は70。市議会全体に占める割合は２・９％だが、町村議会では25・２％に上った。なお、すべての都道府県と区には女性議員がいたが、山梨と熊本では１名のみであった。

４分の１の町村議会に女性議員がいないことには、改めて驚かされる。「女性ゼロ議会数は年々減少傾向にあるが、均等には程遠い」ことは明白である。

全国平均を上回る九州

西日本新聞（２月５日付）は１面でこの問題を取り上げている。九州７県にある２４０の県市町村議会のうち、「女性ゼロ議会」は44（18・3％）で全国平均を4ポイント上回っている。内訳は、市議会が6、町議会が27、村議会は11。女性議員を増やす取り組みを「実施している」と答えた議会は31（12・9％）で、積極的姿勢はうかがえない。具体的回答として、「女性議員の出産のための欠席を議員報酬の減額の適用除外としている」（佐賀県唐津市）、「会議規則を一部改正し、議会への欠席事由に育児、看護、介護等を明記した」（福岡県筑前町《ちくぜんまち》）などが紹介されている。さらに女性の政治参画を促す意識啓発活動の一環として「県内の女性議員が任意のグループを設立し、勉強会を実施している」（宮崎市）という事例も示されている。

自分が落選しても議会に女性が加わる価値はある

さらに2面において興味深い取り組みや識者の見解を伝えている。

「男だけで構成された議会なんて異常でしょう」と概嘆するのは、静岡県下田市議の中村敦氏《なかむらあつし》。1人だけいた女性市議が2015年に引退した後は「女性ゼロ議会」。

「子育てや介護など、女性の方が実情を理解している課題は山積している。女性の視点が欠落した議論では、市の将来は暗くなる」と危機感を覚え、21年7月に現職市議の有志7人で女性や若者の政治参画に関する検討会を結成した。

昨年、60代女性と50代女性が立候補を決断し、中村氏らは選挙の実務に関する助言や激励を続けている。

「たとえ自分が落選しても、議会に女性が加わる価値はある」との言葉から、並々ならぬ覚悟が伝わってくる。

鹿児島県垂水市《たるみず》で2019年、市制施行以来初の女性議員として当選した池田みすず氏は、男性議員があまり足を運ばない子育て支援センターに行くと、市民や職員から「男性には言えない悩みもある」「女性議員がいて良かった」と言われたそうだ。しかし、「垂水市のような小さい街で、女性1人では議会の中で勉強ができない」ため、隣接する鹿屋《かのや》市の女性市議らと交流を深めているとのこと。「多様な意見を反映するために、垂水市議会にも2人、3人と女性が増えた方がいい」と、ひとりの壁を語っている。

「女性にげたを履かせるのではなく、男性が履いてきた見えないげたを脱がせる意識で臨むべきだ」と訴えるのは、片山善博《かたやまよしひろ》氏（大正大地域構想研究所長、元鳥取県知事）。

「女性が1人以下の議会が4割を占めるというのは、男女均等の観点からとても十分とは言えない。住民構成と懸け離れた男性や高齢者ばかりの議会は、信頼や期待を失う」として、「（議席の一定数を女性に割り当てる）クオータ制以外に、当選者が固定化しやすい1人区の廃止や、複数の候補者に投票できる制限連記制の導入」など、選挙制度の抜本的改革を提起するのは大山礼子《おおやまれいこ》氏（駒沢大教授、政治制度論）。

女性不在の損失は大きい

「身近な政策決定の場で女性の比率が1割台では民意を正確に反映できているとは言えない。女性が目指しやすい地方議会をいかにつくるか改めて問われている」で始まるのは、愛媛新聞（2月7日付）の社説。愛媛県の女性割合は13・9％で、全国平均を1・5ポイント下回る。

「少子高齢化に伴う難題が山積するなか、克服には男性と女性が一緒に知恵を出し合うことが欠かせない。社会の半数を占める女性が不在、もしくは1人の議会でそれが難しいのは明白。女性の経験や視点が生かし切れない損失の大きさをいま一度考えたい」として、「多様な立場を地方議会に広く取り入れていくよう踏み込んだ対応を考えていくべきだ」と指摘する。

JAグループに聞こえるかこの警鐘が

1月24日に開催されたJA全国女性大会で、「農業と地域社会の持続的な発展を実現するには、多彩な能力を持つ女性の力を発揮することが不可欠。農協経営にとっても貴重。役員就任なども期待したい」と挨拶したのは野村哲郎《のむらてつろう》農水相（野中厚《のなかあつし》副大臣代読）。本当にそう思うなら、2020年度でわずか9％しかいない女性役員の大幅増に向けたJA改革を求めるべきである。今必要なのは、耳にタコの聞き飽きたリップサービスではなく、JAグループ内での女性の権利を確固たるものにする「地位」と「権利」。

「地方の眼力」なめんなよ

「より良き食」を子どもらに（２０２３・２・２２）

千葉日報（2月21日付）によれば、千葉県いすみ市の新年度当初予算案における一般会計は、子育て支援関連費や道路整備などの普通建設事業費のアップにより、前年度当初比5％増の１７０億２１００万円。

千葉県いすみ市に注がれる熱視線

記事によれば、子育て支援関連は、昨年10月に始めた小中学校の給食費無償化を継続し、給食費全額補助費1億１２３８万円を計上。国の出産育児一時金や応援金に加え、市独自に5万円を上乗せするハッピーバース応援事業に６５０万円。０～２歳児の保育料について第１、２子を半額に、第３子以降は無料。異次元か否かはさておき、子育てを支援しようとする姿勢は明らか。

近年、いすみ市は全国から注目されている。その理由は、同市が２０１２年から有機農業を行う農家を支援し、１７年10月に学校給食をすべて有機米とし、さらに昨年より前述した給食費を無償化したことである。

「千葉県いすみ市は、事業開始時、有機農業者がゼロであったにもかかわらず、それまで難しいといわれてきた有機米の産地化にわずか4年足らずで成功した。学校給食に地場産有機米を１００％使用したことが特徴的であるが、もし、学校給食での使用がなかったら、いすみ市は有機米の産地化に成功できなかったし、学校給食使用こそが有機米産地化に資する最大のポイントであるように思う」で始まるのは、同市における、有機米の産地形成と学校給食への利用に市の農林課職員として深くかかわってきた鮫田晋氏《さめだしん》の論文「いすみ市における有機米の学校給食使用と有機米産地化の取組みに対する自己分析」（『有機農業研究』14（1）、２０２２）である。まずは鮫田論文から、その経緯とそこから得られた教訓を見る。

有機農業推進はトップダウン

始まりは兵庫県豊岡市のコウノトリと共生するまちづくりに感銘を受けた太田《おおた》洋《ひろし》市長が、同様の取り組みを展開したいと考え、２０１２年に「自然と共生する里づくり連絡協議会」を発足させたこと。まさにトップダウン。同協議会内に「環境保全型農業連絡部会」（地元水稲生産者で構成）と「自然環境保全・生物多様性連絡部会」（環境ＮＰＯで構成）が設置される。ただし、この時点で同市における水稲の有機栽培者はゼロ。

２０１４年より有機稲作が本格的に始動。ＮＰＯ法人民間稲作研究所の故稲葉《いなば》光圀《みつくに》氏を外部講師に招聘《しょうへい》し、市の土壌・気象条件にあった有機稲作技術体系を確立するための実証研究「有機稲作モデル事業」に着手。

２０１５年、モデル事業に参加した生産者の希望により、部会で生産した有機米を学校給食にはじめて導入。

２０１６年、公共調達による有機稲作の拡大を意図した学校給食有機米１００％使用の目標を立て、新たな生産者の参入と生産拡大を促す。

２０１７年の収穫により、学校給食への１００％使用（42トン）を達成。有機ＪＡＳ認証を取得し、販路開拓に成功。産地化が実現。

２０１８年には同協議会に小規模有機野菜農家による「有機野菜連絡部会」を設置し、学校給食用の有機野菜の生産振興と域内消費の拡大、将来的に有機野菜の産地化を目指す取り組みを開始。

決め手は学校給食での使用

学校給食での使用を、有機米産地化に資する最大のポイントとした主たる理由は、次のような叙述から推察される。

（1）学校給食が安定した販路となり、子どもたちへの提供がモチベーションとなって農家数、生産量ともに増加した。

（2）有機米の商品展開においては「いすみっこ」という銘柄でブランド化を図っているが、学校給食での使用が抜群のブランドイメージとなり、消費者と得意先に受け入れられている。その影響で、ありがたいことに今日まで売り先に困ったことがない。

（3）有機米づくりに取り組もうとする生産者は、売り先の心配がなく新たな技術の習得に専念できた。その後、販路開拓に成功し、産地化を果たしたことで、現在も生産者は全く売り先の心配をすることなく有機米づくりを拡大することができている。生産者の収支をみると有機米づくりについては、明らかに農業所得が向上している。

そして、千葉県木更津《きさらづ》市でも学校給食米の100％有機化170トンに向けたプロジェクトが順調に進展していることを紹介し、「これからは、有機米の産地振興と学校給食への導入をセットですすめることが、当たり前の時代になると確信している」とする。

票目当てで給食を食いものにするな

「公立小中学校で給食を無償化する自治体が増えている」ではじまるのは、東京新聞（2月4日付）の社説。

いすみ市の取り組みを紹介し、「子どもたちに安全でおいしいものを食べてもらう各地の取り組みは地域の教育や福祉の底上げにも役立つ。災害時には給食センターが炊き出しの拠点ともなり、被災者の食事提供にも活用できる。食材の高騰により品数を減らすなど、給食にも大きな影響が出ている。育ち盛りの子どもたちに安定して食事を提供するには、保護者に給食費の負担を求めず、自治体が公金でまかなえるよう、法律を改めるべきではないか」とし、「その際、国は自治体にどのような支援や財政負担をすべきか、責任の明確化も欠かせない。国会での活発な議論を期待したい」と提言する。

さらに、「四月の統一地方選など自治体の選挙では、学校給食の無償化を公約に掲げる候補もいるだろう。目先の票のためではなく、給食の役割や意義を深く考えた上での訴えとすべきは当然である」と、クギを刺すのも忘れていない。

子どもたちに「より良き食」を

太田洋市長は、昨年10月26日開催の「全国オーガニック給食フォーラム」の実行委員長あいさつで、「次代を担う子どもたちには、なるべく体に良いものを食べさせたい」という純粋な想いからはじまったいすみ市の取り組みに、「市民も議会も全く反対せず、今では、市民の大きな誇りになっています」と語った。

そして、国が定めた「みどりの食料システム戦略」に謳われた「有機公共調達」とその大宗《たいそう》をなす「オーガニック給食」こそが、未来に希望をもたらす大きな鍵、と位置づけた。そして「私たちが考える『より良き食』があるのなら、それこそ次代を担う子どもたち、みな平等に、しかも毎日のように提供できる、学校給食において実現させるべきです。私たちの社会のどこにも、学校給食以上に最適な機会はありません。労を惜しまず、手間暇かけて取り組む価値がここにあります」と格調高く訴えている。(「広がるオーガニック給食」全国オーガニック給食フォーラム実行委員会、2022年10月26日)

マイナンバーカード取得を進めるために「給食費を人質に取っている」どこかの市長に、煎じて飲ませろ爪の垢。

地方や農業の未来は自ら切り拓く

（2023・3・1）

「地域のどんな細かな課題も、どんな小さな声も逃さない、常に地域とともに歩んできた」と自覚を誇らしく語るのは、自民党総裁岸田文雄氏。（2月26日開催第90回党大会での演説より）

本気ですか

そして、「地域が元気になってはじめて、日本が元気になる。地方創生、そして日本の活性化に向けて、（中略）来る統一地方選挙を必ず勝ち抜こうではありませんか」と、決起を促《うなが》す。

地方を強く意識してか、「地域の未来を創る、地方創生の取り組みも加速化させていきます。デジタルの力で地域の社会課題を解決するデジタル田園都市国家構想を進めるとともに、地域の基幹産業である、農林水産業、観光業、中小企業への支援も強化してまいります。中でも、農林水産業は、国民の食を支え、自然・環境を守り、地域・伝統をつなぐ国の基《もとい》です。私自身、全国各地で、直接伺ってきた生産者の皆さんの想いを受け止め、農林水産業を、女性や若者を含めたさまざまな人材が、意欲と誇りをもって活躍できる、『稼げる産業』としてまいります。そのために、肥料・飼料の高騰対策で生産者の皆さんを支えながら、食料安全保障の抜本的強化や、農林水産品の市場拡大に取り組んでまいります」と、素朴な農業関係者なら拍手喝采《かっさい》するような言葉のオンパレード。

日本農業新聞（2月27日付）も、この演説を紹介するとともに、採択された運動方針で、「食料安全保障の強化と農林水産業の持続的な発展」を掲げ、「食料や生産資材の過度な輸入依存からの脱却、農産物の適正な価格形成に意欲を示した他、多様な担い手の育成・確保も盛り込んだ」ことを、ひねりも入れず伝えている。

まさか地方にお金を回さない!?

中国新聞（2月27日付）の社説は、「中国地方はもちろんのこと、大都市圏以外の地域では少子高齢化や若者の流出に歯止めがかからず、中山間地域や離島を中心に集落の消滅も進む。新型コロナウイルスの影響も脱していない。コロナ禍のさなかに都市部から移住し、地方の暮らしに魅力を感じる人たちもいるが、全体の流れを変えるまでには至らなかった」と、現状を分析する。

その上で、昨年の自民党の運動方針にはあった「財政面・情報面・人材面から強力に支援する」との表現が消え、代わりに「地方発のボトムアップの成長」「地方の自主的、主体的な取り組み」といった文言が目立つことから、「まさか地方にお金を回さないわけではなかろうが、国からの財源移譲が進まない中で、不安に思う向きもあるのではないか」と、牽制《けんせい》する。

加えて、昨年、閣僚の更迭も相次いだ政治資金問題や世界平和統一家庭連合（旧統一教会）の問題について、演説でも運動方針でも触れていないことに疑問を呈する。

そして、「政権与党の姿勢を、有権者はじっと見ているはずだ」と警告する。

「党大会は『反省会ではない』」そうです

「有権者に響くものがあったろうか」ではじまる信濃毎日新聞（2月28日付）の社説は、「痛いところに触れずじまいでは不信感は拭えない」と、痛いところを衝く。

「教団（世界平和統一家庭連合・旧統一協会。小松注）との接点や政治とカネの問題で閣僚4人を更迭したのに、集まった議員や党職員らに意識改革を迫る言葉も聞かれない。森友・加計問題、桜を見る会もそうだった。自公政権は数々の疑惑や醜聞を済んだことのように振る舞い続け、国民への説明責任を果たさずにいる」にもかかわらず、「軍備の増強や原発の利用促進といった重要案件を、国会での審議も経ず、官邸と与党との調整だけで取り決めてきた。『異次元の少子化対策』にしても、通常国会では財源についてさえ答弁を左右にする。議論の土台を整えようとしない」と、指弾する。

「党大会は『反省会ではない』」と、うそぶくベテラン議員の言葉を紹介し、「あらゆる場を国民の不信を解く機会と捉えるべきだろう。政権党としての自覚が伝わらない」と猛省を促している。

改憲論議よりも優先すべきこと

北海道新聞（2月27日付）の社説も、タイトルに「不信拭う意志が見えぬ」と記している。

世界平和統一家庭連合（旧統一教会）と自民党との不透明な関係、相次ぐ閣僚辞任の引き金になった政治とカネの問題、さらに森友学園問題をあげ、解明されていない疑惑も多いことから、謙虚に検証し自らの足元を見つめ直すことを求めている。

さらに、「首相演説、運動方針ともＬＧＢＴなど性的少数者への理解増進法案の対応には言及がなかった」ことから、

「差別発言で元首相秘書官が更迭されたことへの反省が見えない」とする。

運動方針で「女性活躍」の推進を打ち出したにもかかわらず、選択的夫婦別姓には何も触れていないことを指摘し、「旧統一教会は同性婚などに拒否感を示してきた。その影響はないのか検証が欠かせない」と迫る。

そして、首相が「時代は憲法の早期改正を求めていると感じている。野党の力も借り、国会の議論を一層積極的に行う」と述べたことから、「国民の不信解消の道筋も見えないのに、国論を二分する改憲に突き進む姿勢に強い違和感を覚える。改憲論議よりも、優先すべきことがあるはずだ」とダメを出す。

追い込まれる地方

西日本新聞（2月28日付）は1面で、「九州　進む後方拠点化」という大見出しで、ふたつの記事を載せている。

ひとつは、「戦後安全保障の大転換となった反撃能力（敵基地攻撃能力）用の弾薬庫が大分市に建設見通しとなり、米国で行われてきた離島防衛の日米共同訓練が初めて大分、鹿児島、沖縄の3県で展開されている」ことから、九州において台湾有事を見据えた「対中国シフト」の後方拠点化が進んでいること。

もうひとつは、佐賀市の坂井英隆《さかいひでたか》市長が2月27日に、陸上自衛隊輸送機オスプレイの佐賀空港への配備計画を受け入れる考えを表明したこと。坂井氏は記者会見で「検討を重ねた結果、苦渋の思いだが、受け入れはやむを得ない」と説明したそうだ。

これを受け、壺議員の一人である井野俊郎《いのとしろう》防衛副大臣も同日佐賀県庁で、地元に対して「丁寧に説明して、（不安を）払拭していく」と強調したとのこと。でも、「丁寧な説明」がウソであることは首相が証明済み。

美辞麗句《びじれいく》に粉飾された地方や農業に未来はない。

自ら切り拓く先にこそ、地方や農業の未来はある。

「地方の眼力」なめんなよ

官邸にブーメラン返る

（2023・3・8）

高市早苗《たかいちさなえ》経済安全保障担当相は参院予算委で、放送法の解釈を巡る内部文書が捏造《ねつぞう》でなかった場合、閣僚や議員を辞職するかを問われ「結構だ」と答えた。安倍案件を思い出させるこの啖呵《たんか》。死者が出ぬことを祈るのみ。

俺の顔をつぶせば、ただじゃ済まないぞ

この内部文書は、立憲民主党の小西洋之《こにしひろゆき》参院議員が3月2日の記者会見で明らかにしたもの。「国民を裏切る行為を見て見ぬふりはできない。国民の手に放送法を取り戻してほしい」と、総務省職員が氏に託したそうだ。

第2次安倍政権時の2014年から15年にかけて、特定の情報番組の内容を問題視して、放送法4条で放送事業者に求められている「政治的に公平であること」についての解釈変更を試みる官邸と、総務省の担当者による協議内容が生々しく記されている。

政府は従来、「事業者の番組全体」で判断するとの解釈を取ってきたが、時の官邸は「一つの番組」で判断できるようにと、解釈の変更を総務省に迫った。

小西氏は、3日の参院予算委員会で「個別の番組に圧力をかける目的で法解釈を変えた」と批判。当時、総務相を務めていた高市氏は自身の言動に関する記述について「全くの捏造文書だ」と主張。捏造でなかった場合は閣僚や議員を辞職するかどうかを問われて、冒頭の啖呵を切ることに。

新聞各紙が伝えるところによれば、主導したのは当時自民党参院議員だった礒崎陽輔《いそざきようすけ》首相補佐官（19年参院選で落選）。2014年11月下旬から、一部報道番組を念頭に放送法解釈の検討を総務省に再三要請。15年2月24日には「これは高度に政治的な話。俺と総理が2人で決める」「俺の顔をつぶせば、ただじゃ済まないぞ。首が飛ぶぞ」とどう喝めいた発言。

総務省出身の山田真貴子《やまだまきこ》首相秘書官は15年2月18日「どこのメディアも萎縮するだろう。言論弾圧ではないか。（中略）国民だってそこまでバカではない。（中略）官邸にブーメランとして返ってくる」などと同省に伝達。3月5日の協議に同席し、安倍氏に「官邸と報道機関の関係にも影響が及ぶ」と懸念を説明したが、安倍氏は「正すべきは正す」と礒崎氏に同調したとのこと。

5月12日の参院総務委員会において、高市氏は自民議員の質問に答える形で「一つの番組でも」の解釈変更を表明した。そして、16年2月の国会審議において、総務相の高市氏が、政治的公平を欠く放送を繰り返せば、電波停止を命じる可能性が生じることに言及し、物議を醸したことは記憶に新しい。

内部文書はやはり本物

3月7日、松本剛明総務大臣は、「すべて総務省の行政文書であることが確認できた」と、本物であったことを明らかにした。

これを受け、高市氏は、会見で自らについて書かれた4枚について、内容の正確性や作成者、日時が確認できないとし、「不正確である」と断言。「議員辞職を迫られるのであれば、この4枚の文書の内容が真実であると相手側も立証しなければならないのではないか」などと答え、議員辞職を否定した。

高市氏のこの姿勢について、東京新聞（3月8日付）は、「積極的に疑念を晴らそうとせず、文書の真偽の証明を追及側に求めるのは、自らの説明責任を棚に上げているように映る。高市氏の後ろ盾だった安倍氏がかつて森友・加計学園問題などで『悪魔の証明』という表現を多用し、野党議員の追及に『本当のことかどうかと分からないものを立証する責任はそちらにある』と反論していた姿に重なる」と記す。

山崎《やまざき》 望《のぞむ》駒澤大教授（政治理論）は「捏造《ねつぞう》文書と言うなら、小西氏ではなく、自ら真実を明らかにする義務がある。国会答弁に対する責任感がなく、議会軽視にほかならない」とのコメントを寄せている。

看過できない政治介入

毎日新聞（3月8日付）の社説は、「放送の自律をゆがめ、表現の自由を萎縮させかねない政治介入があったことになる。ゆゆしき問題」とする。にもかかわらず、松本総務相が「放送行政に変更があったとは認識していない」と強弁し、16年の見解についても「従来の解釈を補充的に説明したもの」と繰り返していることに対して、「行政文書を見れば、官邸の働きかけによって変更が行われたのは明白だ」と指弾する。そして、「放送法の根幹に関わる。本来なら官邸と総務省間の裏交渉ではなく、政府の審議会に諮るなどの手続きを踏むのが筋」であるがゆえに、「担当閣僚だった高市氏の責任は重い」と、追及の手を緩めない。

放送法が、第二次大戦中のラジオ放送が政府の統制下に置かれ、国民の動員に利用されたことへの反省から制定されたことを紹介し、「表現の自由や国民の知る権利に直結する重大な問題だ。政治が番組に圧力をかけようとするに至った経緯について、当事者は国会で説明すべきだ」と訴える。

サナエの悪知恵にはだまされない

「首相補佐官の立場で、ひとりの政治家が法律の解釈を実質的に変えるよう行政に迫る。官僚たちは抵抗するが、首相も追認する——真実であれば、見過ごせない疑惑が浮上した。一部否定している関係者もいる。事実の解明が急務だ」とするのは、朝日新聞（3月4日付）の社説。

「個別の番組への事実上の検閲や言論弾圧に道を開く、民主政治にとって極めて危険な考え方」であるにもかかわらず、「岸田首相がまるでひとごとのように『私の立場で何か申し上げることは控える』と及び腰なのは無責任だ」として、「陣頭指揮をとって国民に納得のいく説明」を求めている。

北海道新聞（3月7日付）の社説は、「安倍政権下では、自民党が放送局に対し選挙報道の『公平』を求める文書を出すなどメディアへの高圧的な姿勢」を繰り返したことに言及し、「公平性を時の政権が判断して放送に恣意的に介入すれば、民主主義を支える表現の自由への重大な侵害になる」と、警告している。

さて、高市氏のコメントは、「捏造」から、「不正確」「確認できない」などへと、明らかにトーンダウンしている。おそらく、「盗聴」や「情報漏洩《ろうえい》」といった難癖《なんくせ》を付け、被害者を装いながら、問題をすり替え、逃げ切ろうと悪知恵を絞ってくるはず。その手に乗ったら、文書を託した総務省職員を国民が裏切ることになる。そこまで国民はバカではないよねぇ、山田さん。

「地方の眼力」なめんなよ

異次元の少子化対策は「戦争しない国づくり」

（2023・3・15）

「何せ、まだ昭和の感覚で運営されている組織なもので、男女共同参画が進みません」と嘆いたのは、某県のJA女性組織協議会のトップ。

男女共同参画社会づくりは〝永遠に道半ば〟

「農業の発展に女性の活躍は欠かせない」で始まるのは日本農業新聞（3月8日付）の論説。3月8日は「国際女性デー」、10日が「農山漁村女性の日」であることを意識したもの。

JA全国女性組織協議会が、地域の核となるリーダーを育成する講習会などを各地域で行っていることなどを紹介し、「意欲のある女性がモデルとなって地域のリーダーを育てる。『男だから』『女だから』と性差にとらわれない、しなやかな農業、農村、JAを目指そう。持続可能な農業を実現する鍵は、多様性の尊重にある」と結んでいる。

しかし現実には、「昭和」の壁が厚くて高いことを冒頭の嘆きが教えている。

新聞各紙は、世界銀行が3月2日に公表した、190カ国・地域の経済的な権利を巡る男女格差において、賃金や育児、年金など8項目の評価の総合点で日本は104位タイで、昨年の103位タイから後退したことを報じている。

職業選択などを評価する「職場」や「賃金」の項目の点数が低く、主要7カ国（G7）では最下位。

日本における男女格差の是正に向けた取り組みの遅れが、なんと顕著なことか。

男女共同参画社会づくりは、JAに限らずこの国においては、ヤッテル感だけの〝永遠に道半ば〟状態である。

国会の「壁」を打ち破る

東京新聞（3月8日付）の社説は、衆議院事務局が2022年に全衆院議員を対象に行った「議会のジェンダー配慮への評価に関するアンケート」（衆議院議員465名（内、男性419名、女性46名）。有効回答数382名）における、「既存の法律や法案が女子差別撤廃条約やそのほかの国際的なジェンダー平等の責務に適合していることを、国会でどのように確認していますか」と言う質問に注目。

「委員会の審査で確認している」24・1％、「確認していない」24・4％、「分からない」44・3％、「その他」7・2％、という結果から、「女性差別の撤廃に鈍い日本の国会を象徴しているようです」とする。

女子差別撤廃条約は、男女の完全な平等実現のために、あらゆる形態の女性差別をなくすことを定めた多国間条約で、1979年12月に国連総会で採択され、81年に発効。日本は85年に国会で批准した後、女性に差別的な法律の見直しに着手した。

しかし、「女性は人口数で男性と変わらなくても、社会的立場や処遇は明らかに劣位に置かれています。賃金格差がその典型で女性は男性の7割しかありません。雇用の調整弁として使われやすい非正規雇用も女性が多く、コロナ禍では非正規の女性が多数失業しました」とその実情を示し、男女差別をなくすには「女性議員を増やすこと」はもとより、「差別の実態を直視し、それを正す勇気や力のある議員を国会に増やさねばなりません」と訴える。

母親ペナルティーの解消

沖縄タイムス（3月8日付）の社説は、「出産・育児による雇用差別やキャリアの中断で、女性の賃金は子ども1人につき4％低下する」との指摘を紹介し、母親になったことが低賃金に結び付く状態、すなわち「母親ペナルティー」

を生み出していることを指摘する。

「女性の社会参画は、多様な価値観を社会に取り込む一歩だ」として、「クオータ制やパリテ法導入、企業の女性登用を後押しする制度の創設」に向けて、国や行政のトップに決断を求めている。（小松注：母親ペナルティーとは、家事や子育てのために女性が支払う代償。クオータ制とは、一定の人数や比率を割り当てる制度のこと。パリテ法とはフランスで2000年6月に制定された法律で、選挙の候補者を男女同数にすること、候補者名簿を男女交互に記載することなどを政党に義務付ける）

熊本日日新聞（3月8日付）の社説は、同紙の記事「議会アップデート」で取り上げた女性議員が、立候補に際して、家族や周囲から「どうしてお母さんがしなきゃいけないの」「家庭を大事にして。子どもが大きくなるまで待ったら」などと言われたことを紹介し、「果たして、男性の候補者が同じことを言われるだろうか」と問いかける。

そして、「社会の多様性が反映されなければ、少子化対策や生理の貧困、性と生殖に関する健康と権利といった分野で、議論の停滞が懸念される」と危機感を募らせている。

希望なき社会で子は産めぬ

神戸新聞（3月9日付）の社説は、「あらゆる政策の土台にジェンダー平等の理念を据えることが必要不可欠」とする。なぜなら、「出生率向上のみを求める声は、国力や年金制度を維持するため、戦前戦中のように『産めよ殖《ふ》やせよ』と迫っているように響く」ことから、「子どもや女性関連の政策を巡る議論に、違和感を抱く女性は少なくない」からだ。

さらに、「女性は子どもを産み育てるのが当然」とする古い性別役割分担意識が、「男性の長時間労働の是正を難しくさせ、世界的にも突出して女性の家事負担が重い現状を生んでいる」と指弾する。そして、「出生数の減少は、『将来に希望が持てる社会になっているか』との鋭い問いかけでもある」として、「性別にかかわらず、多様な生き方を尊重し、助け合う社会を目指す先にこそ、希望が見えてくるのではないか」と、進むべき未来を指し示す。

ところが、自民党少子化対策調査会長の衛藤晟一《えとうせいいち》元少子化対策担当相が13日、子ども政策に関する党会合で、奨学金の返済免除制度の導入を主張し「地方に帰って結婚したら減免、子どもを産んだらさらに減免する」と述べたことを新聞各紙が報じている。

奨学金支援を巡ってはこれまで、自民党の教育・人材力強化調査会（会長・柴山昌彦《しばやままさひこ》元文部科学相）でも出産した場合に返済を減免するとの議論があった。

この連中の発言は、「所帯を持って、子どもをつくれ。そしたら借金チャラにしてやるぜ」に変換される。これが、どれだけ、品性も知性もない連中が吐く言葉か、お分かりになりませんか。

そんなに結婚して、子どもをつくって欲しいのなら教えてやる。

異次元の少子化対策は、希望の持てる国づくり。つまり、戦争しない国づくり、なんですよ。

「地方の眼力」なめんなよ

（2023・3・22）

農家は怒るべし

「権柄《けんぺい》づくや財力を背にしてものを言われると、『わしが貧乏しとるのは、あんた方と違うて、はらわたの腐っとらん証拠でござす』とやり返した」のは、水俣病を世に知らしめた『苦海浄土《くがいじょうど》』の著者・石牟礼道子《いしむれみちこ》氏の実父・白石亀太郎《しらいしかめたろう》氏。（梯《かけはし》久《く》美子《みこ》『この父ありて　娘たちの歳月』文藝春秋より）

この人のはらわたは？

3月12日、千葉県八千代《やちよ》市での街頭演説で、「政治に関心がないことは決して悪いことではない。健康なときに、健康に興味がないのと同じだ」と、持論を述べた麻生太郎自民党副総裁のはらわたをのぞいてみたい。

東京新聞（3月17日付）は、日本医師会（日医）の政治団体「日本医師連盟（日医連）」とその関連政治団体「国民医療を考える会」が２０２１年秋、自民党麻生派（志公会《しこうかい》）に、派閥向けでは異例の高額となる計５０００万円を献金したことを報じている。

日医関係者によると、麻生氏は、政府のコロナ対策に厳しい発言が多かった当時の日本医師会長中川俊男《なかがわとしお》氏に批判的だったため、日医連内では21年12月の診療報酬改定を前に、麻生氏との関係悪化に危機感が広がったとのこと。麻生派に献金があったのは決定の約3カ月前。麻生氏は献金直後の同年10月4日の岸田政権の発足で、副総理兼財務相を退任し党副総裁に就いた。

麻生氏は、この献金に関する同紙の取材に対して、「全く知らん。俺は派閥の金を受け取ったことも触ったことも全くないから」と話し、診療報酬改定との関連についても「財務大臣も辞めていたし、全く関係ない。それで金が動くなんていうことはあり得ない」と述べている。

ゲスの勘ぐりはやめておくが、お金に困ったことのない方だから、はらわたについては推して知るべし。

ちなみに、解説記事は、「公開義務や量的制限に違法性はないとはいえ、重要な問題をはらんでいる。（中略）献金には改定を有利にしようとする意図が見え隠れする。（中略）医療費や補助金の一部が政界に還流する構造を象徴している。その構造は医療政策をゆがめる恐れをはらんでいる」と記している。

オランダの農家は怒っている

日本農業新聞（3月21日付）の2面には興味深い記事ふたつ。

ひとつは、農業分野の規制改革を訴える竹中平蔵《たけなかへいぞう》氏が社外取締役を務めたことで知られるオリックスが、兵庫県養《や》父《ぶ》市で農業事業を手がける子会社（オリックス農業）の全株式を手放したことである。要因は、当初の計画通りには収益が上がらなかったこと。今月中にも、出資する同市内の別の農業法人（やぶファーム）の保有株式もすべて手放す方針で、すべての農業事業から撤退するようだ。

農業は儲かりまへんなぁ～。損切りは早く、逃げ足も速い。

もうひとつは、「びっくりするニュースが、オランダから伝わってきた」で始まる、山田優《やまだまさる》氏（同紙特別編集委員）によるコラム。

それは、「農家を母体とする農民市民運動（BBB）党が先週、上院議員を選ぶ投票で予想をはるかに上回る支持を集め、第1党に躍り出た」こと。下院議員が一人しかいなかった同党は、上院75議席中15議席を占める大躍進を果たした。ことの始まりは、オランダ政府が厳しい窒素排出規制を決め、家畜数の削減を義務付ける計画を進めたこと。これに反発した農家が数年前から大規模な抗議活動を続けてきたが、この取り組みに今回の選挙で追い風が吹いたそうだ。

その伏線は「地方の有権者には根強い不信があった」こと。「オランダの政治は都市部の政治家が決め、そのしわ寄せを受けるのはいつも自分たち。こうした批判の受け皿となったのがBBBだった」と見立てるのは、現地の農業ジャーナリスト。

欧州の農業政策が近年環境重視に軸足を置くことで、農家の負担は増すばかり。「自分たちが不当に虐げられている」と農家が反旗を翻したことに、地域の人たちが共鳴したようだ。

コラムは「既存政治がうまく機能しない時、ちゃぶ台をひっくり返したオランダの農家に学ぶ点は多い。そう言えば最近の日本の農家は物分かりが良過ぎて怒っていないように思うのだが」と結ばれる。

この国に酪農は不要なのか

「昼夜働けど月赤字150万円」という見出しで、飼料高騰などで窮地に陥る酪農を1面で取り上げているのは西日本新聞（3月15日付）。まずは二戸の酪農家の実情から。

「辞めるなら、今かもしれない」とため息混じりで語るのは、福岡県嘉麻《かま》市の江藤健太郎《えとうけんたろう》氏。牛約150頭を飼育し、必要な飼料は1日に7トン。飼料代は、従来の1頭当たり1日1800円から2200円に。牛は栄養に敏感で、安価な飼料に変えれば乳量が落ちる。光熱費も値上がりし、最近は毎月、平均150万円の赤字。金融機関からの借金でしのいでいる。「これだけ働いて赤字じゃ、モチベーションが保てない」と嘆く。

生乳生産量が全国3位を誇る熊本県で、約70頭を飼う和水町《なごみまち》の大村英治《おおむらえいじ》氏の牧場も同じく苦しい。餌代が生乳の売り上げを上回り、赤字が100万円超に達したこともあったそうだ。乳価は昨年11月、飲用向けが1キロにつき10円上がったが、コスト上昇にはとても追い付かず、「乳価がさらに上がらなければ、どうしようもなくなる」と天を仰ぐ。

同紙3面ではその乳価交渉と、価格転嫁の難しさを報じている。

福岡県内の酪農家が所属する「ふくおか県酪農業協同組合」の波多江孝一《はたえこういち》酪農部長によれば、生乳の生産コストに占める飼料代は通常、半分程度。ところが、昨年末の飼料価格で計算すると、8割近くに達しており、「これじゃあ、どう計算しても金が残らない」と、ここでも嘆きの声。

生産者団体と乳業メーカーの交渉で決まる乳価は、年度初めから適用されるのが慣例であるため、酪農家にとっては臨機応変にコストを販売価格に転嫁するのが難しい。飼料価格の高騰による昨年11月の値上げは、9年ぶりに年度途中に行われたが、「焼け石に水程度」とは酪農家の声。

ジャーナリズムこそ怒れ

牛を救え！酪農家を救え！酪農を救え！畜産を救え！と、はらわたが煮えくり返る酪農家は怒っている。「物分かり」という問題ではない。ジャーナリズムこそ、怒ったらどうだ。それとも、はらわたが腐ってきたのかな。「地方の眼力」なめんなよ

（2023・3・29）

農林水産省は文化庁に続け

岸田文雄首相はウクライナ電撃訪問に際し、ゼレンスキー大統領に必勝と書かれた「しゃもじ」をお土産として渡した。必勝ならぬ失笑を買って、まさに噴飯物《ふんぱんもの》。世界中に、この国の文化水準を示してくれたようだ。

文化庁は最初で最後なのか

低レベルの文化水準には毒されたくない、との思いに急かされたのか、文化庁は3月27日に京都に移転した。本格稼働は5月15日の予定で、最終的には全職員の約7割の約３９０人が京都を拠点にするとのこと。

そもそもは、地方創生政策の目玉として、政府が２０１４年に打ち出した政府機関の移転の一環で、政治や行政、経済の東京一極集中に風穴をあける効果が期待されている。しかし、国会対応が難しくなることや庁舎整備費の増加など

により、東京を離れることへの官僚の抵抗が根強く、他省庁に追随する動きはないようだ。

西日本新聞（3月28日付）によれば、3月13日の参院予算委員会において、「首都機能を分散させるべきだ」と野党から問われた岸田首相は「過度な一極集中の是正へ地方の所得を引き上げ、デジタルの力も活用して地域活性化を図る」と語るのみで、省庁の移転促進には言及しなかった。

また、政府関係者が「危機管理などで問題が起きれば東京から動けない（中略）。今後、他の省庁が移転するのは難しいだろう」と打ち明けたそうだ。

今回の文化庁の京都移転は、官庁移転の最初で最後となりかねない。いやいや、数年後に「やはり東京でないとね」と、出戻ることさえ十分あり得るようだ。

期待を寄せる全国紙

読売新聞（3月28日付）の社説は、「関西は国宝の5割、重要文化財の4割が集中する。特に京都は寺社や西陣織などの伝統文化が集積し、訪日外国人の人気も高い。『京都ブランド』を生かした文化振興への期待は大きい」として、「京都や関西に根付く文化的な資産を活用し、移転の効果を最大限に発揮してもらいたい」と期待を寄せる。

産経新聞（3月28日付）の主張も、「京都の国際情報発信力に期待すると同時に、従来の枠にとらわれない発想で、都倉俊一《とくらしゅんいち》長官のいう『文化芸術立国』へ歩みを進めてもらいたい」と、エールを送る。

同庁文化審議会委員なども務める河島伸子《かわしまのぶこ》氏（同志社大教授）の「本来文化は人々の生活に近いところにあるもの。霞が関から離れ、地方目線を得ることで気づきがあると期待したい」というコメントを紹介し、「京都および関西には多くの文化財があり、古社寺から茶道・華道といった伝統文化、アニメなどのサブカルチャーまでその蓄積は広く深い。文化行政の中枢を担う人々が机上から街へと目を向ければ、おのずと見えてくるものもあるだろう」とする。

ただし、「目指すのはそれが政策立案に生かされ、全国に波及するロールモデルだ」と、文化庁に求められている成果の中身を念押しする。また、デジタル田園都市国家構想を掲げる岸田政権には、「文化庁移転を機に、行政機関の地方移転を一段と進められないか。不断の検討を求めたい」と要望する。

冷めたまなざしの地方紙

「やっと具体的な成果が表れた」で始まるのは山陽新聞（3月28日付）の社説。

「岡山県も市町村からの要望に沿い当時の理化学研究所ライフサイエンス技術基盤研究センター（横浜市）など9機関の誘致を提案した」との経緯を知れば、「やっと」に込めた積年の思いが伝わってくる。

地域活性化の新たな5カ年計画「デジタル田園都市国家構想総合戦略」が２０２２年末に閣議決定された。そこに掲げられた「政府関係機関の地方移転の推進」に記された、「有識者からの意見などを踏まえ、23年度中に総括的な評価を行い、必要な対応を行う」とする表現に対して、「力強さに欠け、岸田政権の『本気度』は伝わってこない」と斬り捨てる。

文化庁などの移転を評価する際、「地方に移転しても機能を保持できたか」「コスト増や組織の肥大化につながらなかったか」などの効果を検証することに対しても、「さらなる移転を進めないための理由付けにされること」を危惧する。そして、「東京に中央省庁などが集中する現実がある中で、移転した機関のみの合理性や効率性を評価するのは無理がある」と、正論で攻める。

「世界でも異常な首都圏への一極集中を是正し、分散型の国土構造に変える」というそもそもの目的に立ち返り、「目先の組織の論理は排除し、まず政治が『移転ありき』で強い意志を示した上で、適切な組織形態を考えるのが筋だ」とし、「文化庁の京都移転でお茶を濁して終わるのではなく、さらなる移転を進めねばならない」と、鋭く迫っている。

西日本新聞（3月28日付）の社説も、「政府を挙げて取り組んだはずの東京一極集中の是正は、見るべき成果が上がらない。中央省庁の地方移転もかけ声倒れになっている」として、「これ以上の進展は見込めそうにない」と突き放しつつも、「政府は原点を見失ってはならない」と訴える。

そして、「東京に政治や経済の拠点機能、人口が過度に集中している社会構造を見直す」という当初の目的を再確認し、「地方分権によって中央省庁をスリムにし、公務員の地方分散を進めることも検討すべき」と提言する。

次は農林水産省の移転をめざせ

西日本新聞（3月29日付）の「統一地方選　私の注目点」というコーナーで、藻谷浩介《もたにこうすけ》氏（日本総合研究所主席研究員）は、「地方では、このままでは立ちゆかなくなるとの危機感から、既成政党や政治の主流派への不信感が出てきている」とする。

「東京の中高一貫の男子校出身者が中心を担う中央官庁は地方の現実が見えていない。教育や公共交通が典型例で、学校の統廃合や鉄道の廃線を進めれば人口は減るばかり。大都市に人を集め『地方はなくしてしまえ』と言わんばかりだ」と憤る。ところが、東京23区をはじめとする大都市の出生率は著しく低いことから、「地方から大都市に若者を送り出し続けるのは国家の自殺行為だ」と指弾し、「東京ばかりを見て『国とのパイプ』を強調する首長や地方議員が多いが、国の言うとおりにしても少子化で沈む東京よりよくなることはない」とは、頂門《ちょうもん》の一針《いっしん》。当コラム、藻谷氏の指摘に異議なし。

そこで、河島氏の「霞が関から離れ、地方目線を得ることで気づきがある」というコメントから、良いアイディアが湧いてきた。農林水産省の地方移転である。霞ヶ関にいることに喜びを感じるような官僚に、現場の喜怒哀楽にフィットした政策は期待できない。地方でこそ、農政への眼力は鍛えられる。これくらいしなきゃ、農家にも地方にも明るい未来はこない。
「地方の眼力」なめんなよ

【不掲載コラム】

安倍国葬に反対する

（2022・09・21）

他国の女王の死去とその関連行事を、わが国のメディア、特にＮＨＫはこれほどまで報じなければならないのか。それも美談ばかり。そんなことよりも、この国には、国民一人ひとりに伝えて、考えてもらわねばならない課題が山積している。それとも、考える国民が増えると迷惑ですか。

二階俊博氏の勝手な言い草

恐らくこの人も、考える国民を嫌悪している政治家のひとりだろう。自民党の二階俊博《にかいとしひろ》元幹事長は、ＴＢＳのＣＳ番組「国会トークフロントライン」（9月16日収録）で、故安倍晋三氏の国葬（以下、安倍国葬）について問われると、「淡々とやることですよ。終わったら、反対していた人たちも必ず良かったと思うはずだ。日本人ならね」「長年総理をつとめた人が亡くなったんですから、黙って手を合わせて見送ってあげたらいい。議論があっても控えるべきだ」「欠席する人は、のちのち長く反省するからいいでしょう」と、相も変わらぬ言い草の数々。

当コラム、日本人のはずだが、安倍国葬絶対反対。あいにく、合わせる手など持ち合わせていない。反省するのはアンタたち。

ちなみに、共同通信社の全国電話世論調査（9月17、18日実施、有効回答数1049人）によれば、安倍国葬に対して「賛成」13・8％、「どちらかといえば賛成」24・7％、「どちらかといえば反対」20・2％、「反対」40・6％。大別すれば、「賛成」38・5％、「反対」60・8％。

毎日新聞世論調査（9月17、18日実施、有効回答数1064人）によれば、安倍国葬に対して「賛成」27％、「反対」62％、「どちらとも言えない」10％。

二階流に言えば、多めに見積もっても日本人は4割を下回っている。何と日本人の少ないことか。

何が人生観だ。もったい付けるな

元首相の野田佳彦《のだよしひこ》氏（衆議院議員・立憲民主党最高顧問）は、BSテレ東のNIKKEI日曜サロン（9月18日放送）に出演し、「案内状も出されていて、27日には実施される。私は出席します。元総理が元総理の葬儀に出ないのは私の人生観から外れる。長い間ご苦労様でしたと、花を手向《たむ》けてお別れしたい」と語った。

これには、同党の原口一博《はらぐちかずひろ》氏（衆議院議員）からツイッターで、「人生観…。それよりも法と正義が優先する。国葬儀は、憲法にも反し法的根拠もない。私たちは国権の最高機関にいる。国葬儀は、参列不可なのだ。個人を優先するなど私にはできない」と批判されている。

「花を手向けてお別れしたい」という気持ちを、誰もダメとは言っていない。安倍国葬というイベントの是非を多角的に検討したとき、「認めるべきではないよね」という意見が過半に及んでいるということ。出席することは、このイベントを是認すること。人生観なんて持ち出さずに、離党覚悟で安倍国葬賛成って言えばいいだけのこと。もったい付けるな。

「労働者の代表」だったんですか。何が苦渋の決断だ

朝日新聞（9月16日付）によれば、日本労働組合総連合会（以下、連合）の芳野友子《よしのともこ》会長は15日の会見で、国葬に出席することを表明した。海外からの来賓が多いことや労働側の代表としての責任を果たすべきだと考え、「国葬の決定プロセス、法的根拠は問題ではある」が、弔意を示すこととは分けて考えての「苦渋の決断」とのこと。

「政府の対応のまずさは批判しつつ、出席する。落としどころはここしかなかった」とは、ある連合幹部のコメント。本当かな、連合がこの落としどころに落ちることは考えられないだろうか。

連合に加盟する、全国コミュニティ・ユニオン連合（略称：全国ユニオン）は、9月19日付で「芳野連合会長の国葬出席表明に『反対』する全国ユニオン声明」を出した。

注目すべき反対理由は、次の部分。

「安倍元首相は在任時に多くの労働者や過労死家族の会が反対しているにも関わらず、労働時間規制を破壊する『高度プロフェッショナル制度』や不安定を永続化させる労働者派遣法の改悪を成立させた人物であり、『労働者の代表』である芳野友子会長が国葬に出席し弔意を示すこと自体に強い違和感を感ずるためです」

政権にすり寄り、自民党幹部との会食を愉しみ、野党共闘に水を差すこの人を、「労働者の代表」と呼ぶのも気恥ずかしい。

おそらく、嬉々《きき》として行くはず。またの会食を愉しみにして。

中家徹全国農業協同組合中央会会長の国葬出席に反対する

翻って、ＪＡグループのトップである中家徹《なかやとおる》全中会長は国葬に出席するのだろうか。全国ユニオンが安倍政治を許さないのと同様に、農業やＪＡグループは理不尽な改革を強いられてきた。同グループの機関紙日本農業新聞を毎日愛読しているが、中家会長の国葬対応に関する記事が見当たらない。仕方なく、知人を通じて確認したところ、「ご出席」とのこと。

「なぜ」と本人や取り巻きに聞いたら、極めて高い確率でこう言うだろう。

「もちろん、安倍農政には許しがたいものを今でも持っている。しかし、農協改革の防波堤になってくれた二階氏に恥をかかせるわけにはいかない。欠席でもしたら、後が大変。分かってよ。まぁ、大人の対応ですよ」

この「大人の対応」が、子や孫にどれだけ負の遺産を渡すことになるのか、思い及ばないのか。あくまでも当コラムの想像ゆえ、この辺にしておくが、農業協同組合問題の一研究者、そしてＪＡの一准組合員として言っておく。

「亡国の農政」「理不尽な農協改革」を先導してきた政治家の国葬に、中家会長は出席すべきではない。

国賊かつ売国ですか

時事ドットコム（9月20日17時56分）によれば、「自民党の村上誠一郎元行政改革担当相は20日、安倍晋三元首相の国葬について『最初から反対だし、出るつもりもない』と述べ、欠席する考えを明らかにした。安倍氏の政権運営が『財政、金融、外交をぼろぼろにし、官僚機構まで壊した。国賊だ』と批判した。党本部で記者団の質問に答えた」とのこと。

前述の世論調査で、安倍氏と旧統一教会との関係に関する質問に、「調査するべきだ」と回答したのは、共同通信社が63・8％、毎日新聞が68％。この世論は重い。旧統一協会との根深い関係から、国民の多くは、「票のためなら国を売る」政治家であったことに気づきはじめている。

「地方の眼力」なめんなよ

ＪＡの明日を憂いてコラム書く

（2022・09・28）

60年前の野球少年にとって、下関といえば池永正明《いけながまさあき》氏（9月25日逝去）。下関商高を3期連続甲子園に導き、1963年春選抜大会優勝、同年全国選手権準優勝の剛腕投手。西鉄ライオンズ（現西武）でもエースとして大活躍したが、「黒い霧事件」に巻き込まれて70年に永久失格処分。復権するまで35年を要した。不当な処分の被害者。心を込めて合掌。

相応しいセレモニー風景

下関市を選挙地盤とする政治家の国葬が27日に行われた。いわゆる安倍国葬。

日本農業新聞（9月28日付）のコラム「四季」は、「厳戒下の献花と抗議デモが、賛否に揺れたこの国葬を映し出していた。故人は幾重にも無念だろう。弔いが社会の分断を深めることの不幸、卑劣な凶弾が突き付けた闇の深さを思う。国葬が『不都合な真実』を覆い隠す儀式になってはならない」と記している。

多くの識者が、安倍政権の特徴のひとつにあげるのが、敵と味方を峻別したこと。

「こんな人たちに負けるわけにはいかない」という象徴的セリフを思いだせば、この人の生前の行いに相応しいセレモニー風景。無念に思うわけがない。

当コラムも、「凶弾が突き付け」、そして白日の下にさらした、彼と旧統一教会との因縁とズブズブの関係といった、「不都合な真実」をこのセレモニーでなかったことにしてはならないと、思いを新たにしている。

自給率の低さを憂い　農の未来考え　ペンを執る

さて日本農業新聞（9月27日付）が、日本農民文学会の動向を紹介している。この国の農民文学を牽引してきた同会の会員数が、２０２２年9月時点で１１６人となったとのこと。８４人と過去最低だったのが、20年4月。それから3割増しのV字回復となった。ちなみに、80年代のピーク時における会員数は約４００人。新会員は、新規就農者や有機栽培農家、研究者、小説家らで、同会は「日本の食料自給率の低さを憂い、農業の未来を考え、ペンを執る人が増えた」と分析している。

翌28日付の同紙で、「農家の喜びも悲しみも国や農政には残らない。農民文学がその受け皿になっている」と語るのは、同会副会長の杉山武子《すぎやまたけこ》氏。

また、コロナ禍を機に家庭菜園を始め、農業の良さを実感し、同会の会員となった須田敏彦《すだとしひこ》氏（大東文化大教授）も「日本の食料安全保障は、市場経済に過度に任せてしまった結果、コロナ禍や異常気象、戦争などで行き詰まりを見せている。どんなに軍備を充実させても、人は食べなければ生きていけない。命や健康に直結する足元の価値を見詰め直している国民が多いことを、会員の増加は示している」とのコメントを寄せている。

山下惣一氏にもあったんだってさ

２０２２年７月に亡くなられた山下惣一氏も、１９６９年に「海鳴り」で同会より農民文学賞を受賞されている。山下氏の最後の大仕事だと思われるのが、２０２１年11月２日から翌２０２２年３月26日まで１０４回にわたって西日本新聞に連載された、聞き書き「振り返れば未来」。

同紙（２０２１年12月31日付）には、１９７７年に山下氏が経験した筆禍《ひっか》事件の顛末《てんまつ》が記されている。その年の１月、日本農業新聞１面を飾る「視点」（現「論点」）の筆者陣に加わるという社告が出た。これに対し、地元佐賀県の農協幹部から「あいつは農協に批判的だから外せ」と文句をつけられた、とのこと。

「問題視されたのは、その２年前に文芸春秋に掲載した『農協は強し　されど農民は弱し』という一文でした。資材購入の価格差や農協運営への百姓たちの奉仕ぶりなど、体験に基づいたものですから内容は全て事実。農協は大きくなるのに主役であるはずの百姓がやせ細っていくのは本末転倒だと主張したんですね。

そもそもなぜ書くのか。それは今ある問題の本質を見極め、物事をより良き方向に進めるため。そりゃ耳の痛い話もありますよ。戦後民主主義を教わった私はそう思うわけでありますが、東京からすっ飛んできて平謝りする担当記者の顔もある。まあそんなこんなで降板を了承したんです」

しかし、そのままでは終われば、単なる恨み節の後日譚《ごじつたん》。

「こうした一連の動きに反発したのが農業新聞の労組。『言論の自由の弾圧だ』と抗議活動を始め、全国の農協系労組や日本ジャーナリスト会議も動かす騒動に。視点の筆者陣も『それはおかしい。自分たちも降りる』と同調した結果、降板は撤回されました。

出るくいは打たれるが、出過ぎたくいは打たれない。まだ私は前者だったんですね。農業新聞にはその後、連載小説も執筆したし、仲良くやっていますよ」

45年前の出来事ですが、農協、いやいやJAグループは変わりましたか。変わったとすれば、良い方にですか、悪い方にですか。他方、労組、ジャーナリスト会議、執筆陣はどうですか。今、同じ事が起こったら、いっしょに戦いますか、それとも知らぬ顔をしますか。

筆力は別として、当コラムも、「そもそもなぜ書くのか。それは今ある問題の本質を見極め、物事をより良き方向に進めるため」の気概で書いている。耳触りのいいことを書き、話すことを得意とする人は掃いて捨てるほどいる。そんな言葉に慰撫《いぶ》してもらいたければそちらへどうぞ。知らんけど～

「農業協同組合新聞」はＪＡグループの機関紙ではない

窪田新之助《くぼたしんのすけ》氏（元日本農業新聞記者）による『農協の闇《くらやみ》』（講談社現代新書）を仕事柄読んだ。よく知っているJAや連合会そして個人名が出てきて一気に読んだ。マヒしているわけではないが、特段驚きはしなかった。

しかし看過できない初歩的な誤りがあった。それは、２６２頁で「農業協同組合新聞」を「もう一つのJAグループ機関紙」としていることである。冗談じゃないよ。両紙に失礼。それとも機関紙日本農業新聞は、農業協同組合新聞を自分たちの子会社ぐらいにしか思っていないことの反映か。だとすれば、二重に失礼千万。

だいたい、ＪＡグループの機関紙が、当コラムをここまで続けさせるわけがなかでしょが。まぁ、オファーもなかばってんネ。

さて、9月21日付の当コラムが「オトナの事情」により閲覧できなくなっています。全国から問い合わせが寄せられており、懇切丁寧に説明責任を果たしております。多くの激励、本当に励みになります。感謝申し上げます。

「地方の眼力」なめんなよ

自爆契約が道連れにするもの

（2023・02・15）

「組合の職員が自ら締結した共済契約（当該職員と生計を一にする親族が締結した共済契約を含む。）であって、締結時の当該職員の経済的状況等に照らして保障内容が過大又は保障が不要なもの（以下「不必要な共済契約」という。）が、当該職員又は他の職員に課された推進目標の達成を図ることを目的として締結された場合、行政庁への報告を求める」（「共済事業向けの総合的な監督指針」農林水産省経営局、2023年1月より）

「不必要な共済契約」は自爆契約

この監督指針は、JA職員による「不必要な共済契約」が相次いでいる問題を受けたものである。農水省はこの改正監督指針において、「不必要な共済契約」を組織的に強いる事例などを明確に不祥事件と定めた。施行は2月27日。「不必要な共済契約」の締結が以下のアイウのいずれかに該当するなど、組織的な要因で発生していた場合が不祥事件となる。

ア　職員に対して、上席者（役員を含む。）から不必要な共済契約を促す言動など過度なプレッシャーが与えられていた場合

イ　共済推進に係る知識・経験が乏しい者に対し、十分な教育・訓練を行わないまま共済推進を強制した場合

ウ　不必要な共済契約の締結を当該職員の意向が反映されたものであるように偽装した場合又は意向の表明を強制していた場合

なお、不祥事件の当事者は、「不必要な共済契約を締結した職員ではなく、組織的な要因に関与した役職員」となる。また、悪質な場合には業務改善命令の対象となる。

以下原則として、当コラムにおいては、「不必要な共済契約」を自爆契約と称す。

自爆契約、立て替え、代筆

西日本新聞（2月10日付）は、福岡県内のＪＡにおける共済契約を巡る職員の不正を伝えている。

ＪＡ北九（北九州市）では、営業担当職員が２０２２年11月、同一の顧客に対し、無断で2件の契約手続きをした。顧客側から「身に覚えがない契約がある」と問い合わせがあり発覚。職員は、この顧客の世帯から数冊の通帳を預かり、内規で定める預かり証を発行していなかった。ＪＡは、通帳の預かり方について「悪意はなく事務的なミス」としたうえで、「重大な問題と考えており再発防止に努める」とコメント。県に報告し、内部調査を進めているとのこと。

ＪＡ福岡大城《おおき》（大木町《おおきまち》）については、複数の職員から同紙に「ノルマ達成のために自腹契約が相次ぎ、それに伴って名義借りなどの不適正な手続きも横行している」との証言が寄せられた。同紙からの取材などを契機に内部調査が実施され、短期間に解約された不自然な契約を約50件抽出し、経緯を調べたという。また、「共済掛け金の立て替えによる不正契約および契約書類の代筆による不適切な行為が判明」。相手の了解を得ての、立て替えと代筆とのことだが、「立て替えは農協法違反、代筆は内規に反する行為」と認めている。

ある職員は「上司から『早く自腹を切って楽になれ』などとノルマ達成圧力をかけられる。代筆などが職場で当たり前のように行われ、上司も見て見ぬふりをしている」と述べたそうだ。ここでの自腹契約は自爆契約そのもの。

自爆して解放されたい！

「何が何でも達成しろと狂ったような感じ。できなければ給与・ボーナスが減らされる」と、JAふじ伊豆（沼津市《ぬまづ》）職員の証言を紹介しているのは東京新聞（2月10日付）。この職員は、本来なら入りたくなかった医療共済、がん共済などの契約に年40万円の掛け金を支払っているそうだ。

「親戚や友人に頼むぐらいなら、さっさと自爆して解放されたいと思ってしまう」と、自爆営業に追い込まれる心中も吐露している。

全農協労連の調査（1月末時点の中間集計、約3700人が回答）では、39・8％が「事業推進の目標（ノルマ）が多い」と回答。これを受け、「ノルマ強要は労働基準法違反。自爆の背景にあるパワハラをなくす対応が必要だ」とは同労連の星野《ほしの》 慧《さとし》 書記次長。

「研修会などで法令順守を徹底してきたが、改正指針の趣旨を真摯に受け止め、より適切に共済推進活動ができるように取り組む」とは共済連全国本部。

「着服など不祥事の遠因にもなりかねない。なくすため指針の説明会を開き、全国のJAに周知している」とは農水省協同組織課の姫野《ひめの》崇範《たかのり》課長。

安心できないQ&A

1月12日放送のTBS系列「news23」は、さまざまな事例に基づいて当該問題を取り上げた。

これを観た組合員・加入者からの問い合わせに対する、共済連某県本部が配布した「『契約者からのお問い合わせ用』Q&A」には、「ご心配をおかけしたことに深くお詫び申しあげます」「当JAでは、研修やコンプライアンス点検などを通じて適切な活動をしていますので、ご安心ください」「ご心配・ご不明な点がございましたら、ご説明させていただきますので、ご連絡・ご相談ください」「今後、監督指針の改正を踏まえより適切に対応してまいります」などの回答が示されている。

これで安心する加入者はいない。近年の契約を精査し、その結果に基づいて、不祥事案がないことを示さない限り、心から安心し、信頼を深める関係にはなり得ない。

自爆契約がもたらす「かんぽ」の二の舞

西日本新聞（1月28日付）は、自爆契約の背景に「農業部門の赤字を金融部門の収益で補うJAの経営構造」があることを指摘する。その上で、JAグループが農業生産力や農業所得の向上を重要な使命に掲げていることを踏まえ、「単に共済事業の営業の在り方を見直すだけではなく、本来の理念を見つめ直し、持続可能なビジネスモデルを描く難しい課題に向き合う」ことを求めている。

野村哲郎農水相は2022年12月9日の会見で、自らの経験から「自爆推進があったことは事実」と認めたが、「目標を達成できない職員ほど、そういうことを言い出す」と発言した。まさに、「それを言っちゃあおしめえよ」。

かんぽの二の舞カタカナ生保。カタカナ生保にとってわが国の農村市場は垂涎《すいぜん》の的《まと》。隙を見せれば、参入を目指し、在日米国商工会議所を通じて日本政府に規制緩和の圧力をかけてくるはず。新自由主義者に農家組合員や加入者の未来を保障する気概はない。

自爆契約は本人のみならず、JAへの信頼、JA共済への信頼、そして農家組合員や加入者の未来を毀損《きそん》する。JAグループの関係者すべてが、これからの共済推進の在り方について腰を据えて考える時がきている。

「地方の眼力」なめんなよ

■著者紹介

小松　泰信（こまつ・やすのぶ）

1953年長崎県生まれ。鳥取大学農学部卒、京都大学大学院農学研究科博士後期課程研究指導認定退学。（社）長野県農協地域開発機構研究員、石川県農業短期大学助手・講師・助教授、岡山大学農学部助教授・教授、同大学大学院環境生命科学研究科教授を経て、2019年3月定年退職。同年4月より（一社）長野県農協地域開発機構研究所長。岡山大学名誉教授。専門は農業協同組合論。

著書に『非敗の思想と農ある世界』（2009年、大学教育出版）、『地方紙の眼力』（共著、2017年、農山漁村文化協会）、『隠れ共産党宣言』（2018年、新日本出版社）、『農ある世界と地方の眼力』（2018年、大学教育出版）『農ある世界と地方の眼力2』（2019年、大学教育出版）、『共産党入党宣言』（2020年、新日本出版社）、『農ある世界と地方の眼力3』（2020年、大学教育出版）、『農ある世界と地方の眼力4』（2021年、大学教育出版）、『農ある世界と地方の眼力5』（2023年、大学教育出版）などがある。

農ある世界と地方の眼力6
令和漫筆集

二〇二三年一二月一〇日　初版第一刷発行

■著　　者――小松泰信
■発 行 者――佐藤　守
■発 行 所――株式会社大学教育出版
〒七〇〇－〇九五三　岡山市南区西市八五五－四
電　話（〇八六）二四四－一二六八㈹
FAX（〇八六）二四六－〇二九四
■印刷製本――サンコー印刷㈱
■D　T　P――林　雅子

本書に関するご意見・ご感想を下記サイトまでお寄せください。

ISBN978－4－86692－278－2